同济大学出版社 · 上海
TONGJI UNIVERSITY PRESS · SHANGHAI

The New from the Old : The Conservation and Utilization of Shanghai's Historic Buildings from the Perspective of Urban Regeneration

向史而新：城市有机更新视野下上海历史建筑保护利用

章明 主编
ZHANG Ming
上海市历史建筑保护事务中心 出品
Shanghai Historical Building Protection Administration Center

图书在版编目（CIP）数据

向史而新：城市有机更新视野下上海历史建筑保护
利用 / 章明主编 . -- 上海：同济大学出版社，2024.5
ISBN 978-7-5765-1044-7

Ⅰ. ①向… Ⅱ. ①章… Ⅲ. ①古建筑 - 文物保护 - 研
究 - 上海 Ⅳ. ① TU-87

中国国家版本馆 CIP 数据核字 (2024) 第 054395 号

向史而新：
城市有机更新视野下上海历史建筑保护利用
XIANG SHI ER XIN
CHENGSHI YOUJI GENGXIN SHIYE XIA
SHANGHAI LISHI JIANZHU BAOHU LIYONG

章明 主编

出版人：金英伟
责任编辑：晁艳
助理编辑：沈沛杉
平面设计：付超
责任校对：徐逢乔
版 次：2024 年 5 月第 1 版
印 次：2024 年 5 月第 1 次印刷
印 刷：上海安枫印务有限公司
开 本：889mm×1194mm 1/12
印 张：28
字 数：729 000
书 号：ISBN 978-7-5765-1044-7
定 价：298.00 元
出版发行：同济大学出版社
地 址：上海市四平路 1239 号
邮政编码：200092
网 址：http://www.tongjipress.com.cn
本书若有印装质量问题，请向本社发行部调换

编委会

主任

李宜宏　蔡乐刚

特别顾问

郑时龄

委员

伍江　唐玉恩　苏功洲　卢永毅　赵为民　张松　章明　曹永康　沈晓明　林沄　邹勋　宿新宝

主编

章明

主题文章执笔

章明　张松　沈晓明　邹勋

案例综述执笔

章明　张洁　秦雯　鞠曦　韦晋　许馨月　蒋竹翌　林子轩　毕心怡　王雨晴

编辑统筹

秦雯　韦晋　李妍慧

主要编纂单位

同济大学

上海市历史建筑保护事务中心

执行策划

章明　秦雯　张洁（同济大学）

李宜宏　蔡乐刚　韦晋　许馨月（上海市历史建筑保护事务中心）

Contents
目录

6

Preface
序言

城市更新是每一座城市都必定会经历的。城市自建立之日起就处于持续的更新过程之中，它的发展反映出其形态、经济、社会、环境、生活方式的转型过程。城市更新是城市外部和内部社会、经济、文化等各种影响力共同作用的结果，我们是在城市上建设并更新。上海对于城市更新的重新认识和重视，是在大规模快速建设后的反思中逐渐建立的。目前上海正在进行的城市更新、旧区改造和历史建筑保护都拥有同一个目标——迈向卓越的全球城市，建设具有世界影响力的社会主义现代化国际大都市。

承载了历史、艺术、科学价值的建筑是城市宝贵的遗产，是悠久历史和灿烂文化的见证。作为历史文化遗产，经过大浪淘沙留存的建筑是有生命力的，需要举全社会之力去保护、传承和利用。历史建筑有助于弘扬社会主义核心价值观，帮助人民树立高度的文化自觉和文化自信，也是文化性的环境保护，这种保护意味着保存、维护历史的延续性。历史建筑保护是作为有机体的城市可持续发展不可避免的议题，既是对历史负责，也是对未来负责。

历史建筑包括文物建筑、优秀历史建筑和建筑群、保留历史建筑和一般历史建筑，涉及众多文物保护单位和文物保护点。上海历史悠久，文化底蕴深厚，留存了各种类型的大量历史建筑：上海有各级文物保护单位及登记不可移动文物 3467 处，其中全国重点文物保护单位 40 处，市级文物保护单位 227 处，区级文物保护单位 454 处，文物保护点 2746 处；上海有 1058 处优秀历史建筑，1 片国家历史文化街区，44 片历史文化风貌区，254 处风貌保护街坊，397 条风貌保护道路与风貌保护街巷，84 条风貌保护河道；还有大量的工业遗产和杨浦生活秀带国家文物保护利用示范区。如此丰富的历史文化遗产，需要充分挖掘其价值，建立健全历史文化遗产保护体系，创新完善保护制度和机制，强化整体性保护，从而彰显上海的历史发展脉络和地域文化特征，将上海建成既有浓厚的历史文化底蕴，又有鲜明时代特征的国家历史文化名城。

长期以来，上海十分重视历史建筑保护，在全国率先编制了相关地方性法律和法规，在城市有机更新的规划中，依法保护各类历史建筑及其环境。由于历史沿革、文化传统、管理机制、建筑法规、技术材料等方面的因素，上海的历史建筑保护存在特殊的体制和技术问题。一方面需要总结历史教训，努力保护尚存的历史建筑；另一方面也要探索保护模式、机制，研究保护技术及工艺，加强历史考证和保护监管。

除个别案例，总体而言，建筑的保护不能采用博物馆式的封存保护，而是要在合理使用中保护。上海的历史建筑保护经过 30 多年的探索，已经建立起分级分类保护体系和保护管理机制。根据建筑的类型和质量，上海积累了多样的保护方式，包括修缮、加建、移位、扩建、复建、保护建筑立面、内部重新改造等，形成了基本符合上海历史建筑特点的保护机制和方法，出现了一大批优秀的案例。同时也建立了文物管理、规划管理和建筑管理等政府部门与科研、教学、设计单位的全面合作机制，形成了政府、学术界、设计机构和开发建设单位、施工单位相协调的建筑文化遗产保护修缮机制和模式。

本书实际上可以看作一个论坛，通过引证大量的优秀实践案例，探讨城市更新的模式和理念、历史建筑保护与利用的平衡，以及历史建筑与公共空间的关系等。本书收录的文章作者都是从事城市设计和历史建筑保护的学者和建筑师，对上海的历史人文底蕴有着全面而深刻的研究，正是他们与广大规划、文物和历史建筑保护工作者的贡献，使上海在历史建筑保护的探索方面取得了优秀的成绩。

同济大学教授、中国科学院院士
2023 年 11 月

Introduction
前言

    上海的城市更新理念随着城市的发展演变而不断地更迭。本书以历史建筑为核心切入点，回顾、梳理、分析上海城市有机更新在挖掘地块历史文化属性、提升环境品质等方面所做的理论与实践探索，以期呈现其从原有的快进式、粗放式、摧枯拉朽"推土机"式更新转变为渐进式、生长式、"向史而新"式更新的演变历程。

    本书的编撰，在坚持学术性和示范性的同时，希望增强书籍的可读性与普及性，以便将上海城市有机更新推向公众视野，从而获得更广阔维度的关注与讨论。因此，本书采用理论论述与案例分析相结合的编排方式。理论论述部分，着重陈述上海历史建筑保护与再利用的历程，描绘历史建筑从最初的单体修复，到政策与法规约束下相对系统化的片区更新，再到其保护与利用反过来影响并制约周边环境整体开发的各个发展阶段，并就历史建筑的原真性、遗产价值的多样性、历史建筑与城市更新的关系等关键问题作出主题探讨；案例阐述部分，主要聚焦、解析两类案例，其一为在上海城市更新历程中具有重要示范和推动作用的典型案例，其二是在更新观念、制度、技术或设计层面有不同程度突破的具有借鉴与研讨意义的探索案例。本书在选择案例时还同时考量了项目尺度、规模对城市有机更新的影响，按照"点、线、面"的划分原则对案例进行了筛选与归纳，以期在前面理论研究编织出的城市更新发展线索上，呈现出实践的具体面貌，生动地阐述历史建筑保护与利用在现实情境中的探索与突破，以期为上海深化城市有机更新、实现建成环境关联要素的持续优化提供不同的视角。

Historic Buildings and Urban Regeneration: Action, Relationship and Selected Buildings
历史建筑与城市更新：行动、关系与案例 14

Conservation System and Future Trend of Historic Buildings in Shanghai

上海城市更新与风貌保护的历史进程及未来方向 ²⁸

上海城市更新与风貌保护的历史进程及未来方向 28

Historic Buildings and Urban Regeneration: Action, Relationship and Selected Buildings
历史建筑与城市更新：行动、关系与案例

章明　ZHANG Ming

同济大学教授，同济大学建筑设计研究院（集团）有限公司总建筑师

历史建筑保护与城市更新行动

上海城市更新的发生基础

上海在 1990 年以前的城市建成事实和土地利用概况构成了城市更新展开的现实基础，现实基础构建阶段又可以细分为两个部分：开埠后到中华人民共和国成立前（1843—1949）和中华人民共和国成立后到浦东开发开放前（1949—1990）。

1843 年开埠后的百年间，上海处在华洋杂居的局面下，实行半殖民地半封建社会的土地私有制，建设活动集中在华界（南市和闸北）、公共租界（东至周家嘴路，西至静安寺，北与宝山交界，南以洋泾浜与法租界相隔，横跨杨浦、虹口、静安、普陀，约 22 平方千米，因越界筑路，实际管辖范围又增加了 30 平方千米）和法租界（东起外滩，西至华山路，横跨黄浦、静安、卢湾、徐汇，约 10 平方千米）。此外，还有"大上海计划"（1929—1937）对杨浦江湾地区（东近黄浦江，南临公共租界，北至新商港，约 4.6 平方千米）的短暂建设，以及上海周边集镇、农村的零星建设。这一时期形成了上海初步的建成环境基底，构建了上海的城市中心，形成了以外滩为中心向北、西、南辐射的地价结构[1]。

金融办公建筑、里弄、花园住宅和工业区为这一时期主要建设成果，也是日后城市更新的主要操作对象。金融办公建筑是老上海以国际贸易、交通运输和工业生产为主要城市职能的产物，不仅国外资本占上海总量的 25%，且国内银行中 80% 以上均将总部设于上海。这一类建筑以金融、银行、企业总部和商会大楼为主，主要分布在外滩沿线，并以梳齿状向内扩展，约到西藏路为止。里弄建筑是这一时期商业开发居住建筑的典型，由公共租界向外蔓延，遍布市中心区域的各个角落。截至 1949 年，上海共有各类里弄民居约 3700 处，147 000 个单元，约占旧上海 82 平方千米市域面积的四分之一[2]，承担了上海 60% 的居住功能。花园住宅是旧上海大资本家的一种居住方式，主要分布于当时的法租界西区，建筑设计与施工精良，拥有较大面积的花园。上海开埠后的工业用地主要分为三种：一是作为贸易口岸的堆栈、货仓、船厂等；二是作为市政基础设施的发电厂、水厂等；三是国外和民族资本开办的制造业工厂，依托黄浦江和苏州河，分布于市中心的边缘，如杨树浦、闸北、南市等地，形成沪东、沪南、沪西工业区。

1949—1990 年浦东开发开放前的 40 余年中，上海在城市职能和土地使用方式

1　栾峰：《九十年代的上海城市开发演变》，硕士学位论文，同济大学，2000，第 1 页。
2　上海市房产管理局编著《上海里弄民居》，中国建筑工业出版社，1993，第 19 页。

上有了巨大变化。土地收归国有，取消了地价概念。金融办公建筑和花园住宅为政府机构所用。中央政府制定了"全国保上海"的政策，将上海从"消费型城市转变为生产型城市"，大力发展工业。城市建设围绕工业厂区和紧缺的住房展开。在原先依托一江一河形成的沪东、沪南、沪西工业区之外，通过扩大上海市域范围，在远郊（闵行、吴泾、嘉定、安亭、松江、宝山、金山）布置大型工业厂区，结合新城，疏解上海中心城区过高的密度[3]。与之相伴的是大规模的工人新村建设，也是为了解决上海住房紧缺问题[4]。1949—1978年新建工人新村1139万平方米，占全部新增住房面积的三分之二，主要集中在靠近沪东、沪南、沪西工业区的五角场、市西北和市西南[5]。1980年代，除了近郊和远郊工业区及其工人新村的建设外，在靠近原工人新村的市区边缘新辟了51个居住区，又在市郊结合部新辟21个住宅新村，总建成住宅4368万平方米[6]。至此形成了上海城市中心区的建成现实。

改革开放后，1986年国务院批复了《上海市城市总体规划》（下文简称《总体规划》），对上海在2000年以前的建设作出了指示。此次规划在肯定了上海作为全国重要工业基地之外，将上海的城市定位调整为全国现代化建设的标杆。同年12月，上海成为第二批国家历史文化名城之一，属于"近代史迹型"，开埠时期的建设作为现代化的标志得到了认可。《总体规划》明确指出"把不适宜在中心城区的企事业单位搬迁出去"，"职工可以转向发展第三产业"[7]。事实上，在1984、1986和1988年，上海已经三次将部分工业企业向郊区迁出。批复同时指出，要结合工业布局调整，"进行旧区改造"，"逐步实行住宅商品化"[7]。

至此，上海城市更新的现实基础业已形成，市中心地区的旧区住宅改造与工业用地腾退，在不同时期有着不同的表现。下文将简要描绘上海自1990—2018年约30年间的城市更新历程。

上海城市更新行动

推土机下的旧城改造

1990—2000年的城市建设目标主要基于1986年批复的《总体规划》，即将上海建设为"重要的经济、科技、贸易、信息和文化中心"以及"太平洋西岸最大的经济和贸易中心之一"[7]。为了对接"全球城市"的建设目标，这一定位蕴含了产业结构和城市运营模式上的调整。产业结构上，以金融、保险、商贸为第一层面，交通、通讯为第二层面，房地产、信息咨询和旅游为第三层面，即逐步由第二产业向第三产业转型[8]。城市运营模式从计划经济到市场经济，通过政府有限放权给自由资本进行开发、建设、经营等，来完成城市建设目标、收获经济效益、提高服务效率。这两个调整也给出了城市空间的建设方向，表现为"向内重组"和"向外扩张"两个方面，尤以后者为主。20世纪90年代的上海到处是"大开发"和"新建设"的场景，城市向郊区扩张，房地产投资通过土地出让的方式占到了总投资的四分之三[9]。与此相对，内城重组是向外扩张的原动力，其主要建设目标有二：①缓解内城过高的居住密度，改善恶劣的居住条件。虽然经过80年代的集中改造，但由于存量大，截至1990年底，上海市中心地区仍旧存在1500多万平方米二级旧里以下的危棚简屋[10]。②产业结构调整：根据服务经济易在人流密集、资源集中之处形成的原理，将城市中心区"潜在地租"高的区域置换

3　1956年，根据毛泽东发表的《论十大关系》讲话，将嘉定、松江等周边10个县划入上海，上海从中心城82平方千米扩展为6158平方千米，基本形成了如今上海市域的范围。次年规划建设闵行、吴泾、嘉定、安亭、松江等新城，结合工业进行发展，使得上海从单一中心逐步发展为中心+卫星城的格局。1970年代又建设了宝山钢铁厂，金山石化厂，随后逐步发展为远郊卫星城。
4　1949年，上海市区人均居住面积为3.9平方米，闸北、南市等区甚至低于1.5平方米，住房面积严重不足。同注释2，第4页。
5　杨辰：《社会主义城市的空间实践——上海工人新村（1949—1978）》，《人文地理》2011年第3期，第35-40页。
6　上海2035规划建设网站上有关1986年上海城市总体规划图的回顾，资料来源：https://www.supdri.com/2035/index.php?c=channel&molds=oper&id=4.
7　国务院关于上海市城市总体规划方案的批复，国函1986年第145号，1986（10）。
8　王伟强：《城市空间塑造——上海1990年代城市空间形态演变的实证研究》，博士学位论文，同济大学，2004，第47页。
9　同注释7，第48页。
10　徐明前：《上海中心城旧住区更新发展方式研究》，博士学位论文，同济大学，2004，第79页。

出来，发展第三产业。

20世纪90年代的旧区住宅改造以"365危棚简屋"为主要实施对象，辅以地产开发、市政建设征收、旧住宅成套改造、平改坡等模式。1990年5月，国务院发布了《中华人民共和国城镇国有土地使用权出让和转让暂行条例》，使得土地所有权和使用权分离，允许出让使用权，解决了土地国有制下私有资本介入方式的问题[11]。这转变了改造方式，也大大提高了改造力度和速度，带来了城市面貌的巨变。

这一时期，一些具有历史价值的房屋为市政建设让道引发了社会舆论关注，连同其他改造带来的城市风貌巨变，在市民和专业技术人员中逐渐形成了针对旧城改造的文化价值批判。早在1989年，上海就提出了优秀近代建筑的概念，同年9月公布了第一批59处"市优秀近代建筑"，作为对1982年颁布的《中华人民共和国文物保护法》的回应，两年后发布《上海市优秀近代建筑保护管理办法》，将优秀近代建筑划分为全国、市级文保单位和市级建筑保护单位，并给出四类具体的保护措施。其后又于1994年和1999年公布了第二批175处和第三批162处"市优秀近代建筑"名单。另一方面，1991年由上海市规划局组织，上海市文物管理委员会以及同

济大学阮仪三团队共同编制《上海市历史文化名城保护规划》，规划中划定了中心城区的11片历史文化风貌区，同济团队还完成了外滩和老城厢的两项保护规划[12]，这一版保护规划虽最终未获得政府批准，但在当时大家已经开始意识到单个建筑的修缮并不是完整的历史保护。总体而言，这一阶段有关历史风貌的议题处于形成期，上海的地方性政策跟从国家层面的相关规定。

在工业用地腾退方面，20世纪90年代，为配合"四个中心"建设，在20世纪80年代三次外迁工业企业的基础上，上海加快了市中心十个区迁出工业企业、发展第三产业的"退二进三"产业调整力度，这一过程与工业向郊区规模化集聚同步。

1998年上海市提出了"都市型工业"的概念，以社区型的工业园区和工业楼宇为主，在市中心发展无污染、低物耗、劳动密集型或智力密集型工业[13]。都市型工业的发展逐渐融入了现代产业服务业、研发设计、物流等"2.5维产业"，在客观上孵化了创意经济[14]。20世纪90年代末到21世纪初，由于政策上的松动，开始出现自下而上的对工业老厂房的进驻，尤以艺术家和设计师工作室为主，出现了未经官方认可的"创意产业"。M50、田子坊等就是在此背景下应运而生。创意产业的诞生有着偶

然性，但却成为下一个十年中重要的产业转型方向。同时，创意产业与文化的连带关系，以及艺术家、设计师等对老厂房物理空间富有创造力的自发改建活动，催生了对"工业遗产"的审美与价值认同，使得后续的"文化"商业开发成为可能，也推动了"工业遗产保护"。

总体而言，这一阶段的旧城改造工作起到了三个作用：①上海城市空间结构重整与基础设施改造；②将"退二进三"提上日程，完成了城市环境的改造与产业转型；③对一定数量的旧住房实施了改造。

"拆改留并举""创意经济"与黄浦江综合规划

从2002年12月3日世博会申办成功，到2010年5—10月世博会举办，对于上海来说，21世纪的第一个十年是围绕着世博会展开的。但若回过头来看，世博会作为一项城市大事件，只是上海解决前一个十年遗留问题、推进新一轮城市建设的契机[15]。

2001年5月国务院对于《上海市城市总体规划（1999年—2020年）》的批复中明确了这一时期城市的主要发展方向。批复再次肯定了上海"四个中心"的建设，指出"要控制中心城发展规模，有序引导人

11　《中华人民共和国城镇国有土地使用权出让和转让暂行条例》，国函1990年第55号，1990（05）。
12　张松：《规话名城 | 张松：我和上海名城的故事》，2022年11月9日，https://www.163.com/dy/article/HLOKC8S305346KFL.html.
13　上海都市型工业分为七类：服装服饰业、食品加工制造业、包装印刷业、室内装饰用品制造业、化妆品及清洁剂洗涤用品制造业、工艺美术品及旅游用品制造业、小型电子信息产品制造业。见王美飞《上海市中心城旧工业地区演变与转型研究》，硕士学位论文，华东师范大学，2010，第32页。
14　栾峰、王怀、安悦：《上海市属创意产业园区的发展历程与总体空间分布特征》，《城市规划学刊》2013年第2期，第71页。
15　伦佐·勒卡达内、卓健：《大事件——作为都市发展的新战略工具——从世博会对城市与社会的影响谈起》，《时代建筑》2003年第4期，第28-33页。

口和产业向郊区疏解"。因此，在着力建设郊区新城和中心镇之外，"要完善中心城综合功能"，"统筹安排中心城的旧城改造工作"，"在内环线以内要以发展第三产业为主"[16]，在具体实施上，延续上一阶段对于都市型工业和创意产业的发展。2003年12月上海市人民政府在其建设行动计划中特意单列了"重视历史文化名城保护和城市景观规划工作"，指出应严格执行《上海市历史文化风貌区和优秀历史建筑保护条例》，加强对中心城区划定的12个历史文化风貌保护区和398处优秀历史建筑的保护。这说明历史风貌保护的话语逐渐得到肯定，并以政策的方式固定下来，其具体实施将成为这一时期旧城改造需要探索的内容。同时，中心城区滨江（黄浦江）、滨河（苏州河）作为景观通廊的重要性得到肯定。"一江一河"曾是上海重要的工业发展基地，规划上对其空间功能的调整符合上海市中心"退二进三"的客观要求，也是上海成功转型的关键。

经过20世纪90年代"365危棚简屋"拆除、旧住宅成套改造，上海市中心人均居住面积从90年代初的6.6平方米提高到2002年年底的13.1平方米[17]，有了较为显著的改善。根据《新一轮旧区综合改造的研究》总报告，到2000年年底，上海仍有2015万平方米旧里以下住宅，其中市中心存在1633.87万平方米，需要整体、成片改造[18]。在这一轮旧区更新中，二级旧里覆盖率超过70%的地块成为改造重点。同时，还有353.7万平方米将进行成套改造的旧住房，以及约700万平方米需要拆除的旧住房，以结构不合理、房屋和设施质量差的2万户[19]职工住宅为主。除此之外，报告中还单列了拟保留修缮的住房，它们属于需要保护的历史建筑，包括花园住宅、公寓住宅、新式里弄、有历史价值的旧里和老公房，以及其他特色建筑，总量为1019万平方米，这类建筑的改造按照1991年颁布的《上海市优秀近代建筑保护管理办法》和1999年印发的《关于本市历史建筑与保护街区保护改造试点的实施意见》执行。

21世纪前十年也见证了历史风貌保护不断落实为政策、扩展话语影响力的过程。2003年1月1日起实施的《上海市历史文化风貌区和优秀历史建筑保护条例》，定义了历史文化风貌区和优秀历史建筑，规定了其分级保护内容，并指出应成立专项资金、设立专家委员落实保护[20]，预示了历史文化保护成为专项政策的未来。同年11月，根据1997年的《历史名城保护规划》，出台了《上海市中心城历史文化风貌区范围划示》，在市中心范围内划定了12片历史文化风貌区，总面积为27平方千米[21]。但具体的落实却要等到房地产高潮过后。2004年12月30日，上海市历史文化风貌区和优秀历史建筑保护委员会成立。次年10月23日，又划定郊区及浦东新区32片共约14平方千米的历史文化风貌区。紧接着在11月，《上海市历史文化风貌区保护规划》和《上海市中心城区历史文化风貌区风貌保护道路规划》获批，对街区空间格局、建筑原有立面及其色彩的保护，以及新建、扩建的范围和内容作出了界定，同时确定了风貌保护道路144条，其中永不拓宽道路64条[22]。至此，上海的历史文化风貌保护体系业已建立，保护范围从原先的单栋历史建筑扩展到了城市片区和道路。

在这样的背景下，市中心的一些旧里采取了以修缮为主的改造方式：考虑到某些旧里中人员构成基本为无力搬迁的老年人，以政府为牵头单位、上海市文物管理委员会等为具体的实施者，为旧里改造厨房、增添厕所，并对原有建筑的外观进行

16　《国务院关于上海市城市总体规划方案的批复》，国函2001年第48号，2001（05）。

17　上海市城市规划设计研究院，《上海市城市总体规划（1999年—2020年）》，1999。

18　上海市房产经济学会课题组，《新一轮旧区综合改造的研究》总报告，《上海房地》2002年第6期，第10页。

19　2万户是指1977年，为解决工人住房困难的问题，市房地产局革命委员会召开常委扩大会议，决定新建住宅40万平方米，解困2万户。

20　上海市人民代表大会常务委员会，《上海市历史文化风貌区和优秀历史建筑保护条例》，2002（07-25）。

21　这12片历史文化风貌区包括老城厢、人民广场、外滩、南京西路、愚园路、衡山路—复兴路、新华路、虹桥路、龙华、提篮桥、山阴路和江湾。《上海市中心城历史文化风貌区范围划示》，2003（11）。

22　武康路保护性街道整治就是在这一政策的前提下于2007—2009年实施完成。《上海市历史文化风貌区保护规划》《上海市中心城区历史文化风貌区风貌保护道路规划》，2005（11）；
《关于本市风貌保护道路（街巷）规划管理的若干意见》，2007年9月17日。

整修，2007年左右实施的和合坊、步高里改造工程即为此类[23]。其本质属于旧房成套改造，但将其置于文保管理单位管控之下，并以此为出发点进行改造。

改革开放以前，工业制造一直是上海城市功能的主导发展驱动，以"重生产、轻生活"为指导思想[24]。随着城市职能的转变，上海的城市经济结构也在发生重组，确定了重点发展六大支柱工业、推进工业结构向集约化和高度化方向发展的第二产业发展目标，为工业发展找到了新的突破口。在工业转型方面，经过上一个十年的经济结构调整，上海的第一、第二产业产值占比分别从1990年的4.3%和63.8%下降到2002年的1.6%和47.4%，并且在1999年实现了第三产业（金融保险业和商贸业）产值对第二产业产值的超越[25]。新一轮城市总体规划中明确了市中心以第三产业为主、保留都市型工业的发展要求，前一阶段创意产业的逐渐兴起将成为本轮发展的重点。同时，规划也提出了建设"一江一河"景观廊道，沿江沿河工业带的转型将结合世博会的举办得以实现。

由于创意产业自身对于老工业厂房的艺术化改建，以及包括"十一五"规划在内的政策明确提出了创意产业集聚应与历史建筑和文化遗产保护相结合，工业遗产价值得到了认定。2005年10月31日，第四批234处"上海市优秀历史建筑"公布，名单中出现了少量工业建筑（第三批中已经出现工业厂房中的办公类建筑），上海在全国率先将工业遗产划入历史文化保护的范畴。2006年，国家文物局发出《关于加强工业遗产保护的通知》，承认"关、停、并、转"之后留下的工厂旧址、附属设施、机器设备是文化遗产的重要组成部分[26]。次年国务院在第三次文物普查中，已将工业遗产列为重要普查对象。

遵照1999年总体规划中开发"一江一河"的指示，上海于2002年1月编制了《黄浦江两岸综合开发规划》，意味着沿江核心工业带也正式步入向服务型经济转型的进程。配合世博会建设，黄浦江核心段南浦大桥和卢浦大桥之间的区域进入更新建设阶段，而周边的工厂企业也逐渐迁出，为之后的建设进行铺垫。

2010年后城市更新政策解读

随着历史保护意识逐渐加强，城市更新中的文化风貌保留获得越来越多的认可。2010年以后，上海市政府接连发出有关扩大历史风貌保护范围、加强历史保护的意见，并推动相关前置和后续研究。

率先发布的是2013年的《上海市历史文化风貌保护保留对象与范围的深化扩大研究》，提出重点保护石库门里弄和工业遗产。在此研究基础上，2016年1月23日公布了第一批119处风貌保护街坊和23条风貌保护道路，2017年9月19日又公布了131处风貌保护街坊。这些风貌保护街坊和道路的公布，是将保护前置于开发，为开发设置门槛，使得上海的城市历史文脉能够更好地得以延续。

另一方面，2015年《上海市城市更新实施办法》（下文简称《办法》）的颁布，标志着上海进入"内涵发展、逆向生长"的新发展阶段。通过制定城市更新单元，给出"允许用地性质的兼容与转换""地块边界调整""建筑高度适当调整""存量补地价""扩大用地方式"等多种灵活操作手段，极大地解决了保护与开发的矛盾，在保护历史风貌和公共空间的基础上，满足当下的开发需求，一改早年推土机般抹掉存量的粗暴做法，转而实现城市文脉与未来共生的更新模式。2017年，为了配合《办法》的实施，发布了《上海市城市更新规划土地实施细则》，对公共活动中心区、历史风貌地区、轨道交通站点周边地区、老旧住区、产业社区等不同类别城市功能区域进行分类施策，进一步保证历史风貌的留存得以落实。同年11月9日，市政府又印发《关于坚持留改拆并举深化城市有机更新进一步改善市民群众居住条件的若干意见》，对于里弄建筑，提出"留改拆并举，

---

23 朱晓明、古小英：《上海石库门里弄保护与更新的4类案例评析》，《住宅科技》2010年第6期，第25-29页。
24 同注释1，第63页。
25 同注释7，第47、52页。
26 同注释14，第74页。

以保留保护为主"的思路转变，以城市有机更新的理念代替过去大拆大建的传统思路。随着《上海市历史文化风貌区和优秀历史建筑保护条例》于2018年完成修编，上海的历史建筑保护与城市更新迈向了一个新的时期。

2019年11月，上海成立上海市城市更新和旧区改造工作领导小组，正式全面研究上海的城市更新工作。上海城市更新之路继续进行，围绕普惠民生，从公共空间和文化融合的角度开展，做有温度的更新。

2021年8月25日，《上海市城市更新条例》(下文简称《条例》)出台，体现了上海对大拆大建类项目的严格限制和对于微更新、城市风貌保护的高要求。这部法规聚焦城市更新，对上海加快转变城市发展方式、统筹城市规划建设管理、推动城市空间结构优化和品质提升，皆有重大现实意义。

2022年11月，为落实条例内容和全面指导上海城市更新行动，上海市规划和自然资源局与上海市住房和城乡建设管理委员会印发了《上海市城市更新指引》，对各类"更新"名词作出详细解释，包含城市更新、区域更新、零星更新、更新方案、更新统筹主体和公共要素等内容，进一步为更新实践提供更精准的指导意见。

2023年3月，为全面实施城市更新条例，上海市政府印发了《上海市城市更新行动方案（2023—2025年）》，积极践行"人民城市人民建，人民城市为人民"的重要理念，着力强化城市功能，以区域更新为重点，分层、分类、分区域、系统化推进城市更新，更好推动城市现代化建设。

通观《条例》，城市更新不仅限于浅层次的建筑更新迭代，更包含着对全人群多元需求的考量，兼顾居住条件改善、历史风貌保护、城市功能提升、产业转型升级等复合性功能，和上海这座"人民城市"的综合实力息息相关。《条例》的颁布，也使上海市成为继深圳后全国第二个正式为城市更新立法的城市。

这部法规的出台，意味着上海将从地方性法规层面，为有效推进城市更新工作，建设宜居、绿色、韧性、智慧、人文城市提供更有力的法治保障，上海城市更新工作自此有了更加权威、更高阶位的法规依据。城市更新工作也必将沿着法治的轨道实施。

历史建筑相关概念及其与城市更新的关系

历史文化名城、名镇、名村的概念与保护内容

历史文化名城是国家层面保存文物特别丰富、具有重大历史文化价值和革命意义的城市。上海中心城区于1986年被评定为近代史迹型国家历史文化名城。

历史文化名镇是国家层面保存文物特别丰富并且具有重大历史价值或者革命纪念意义的城镇。上海的宝山区罗店镇、金山区枫泾镇、青浦区朱家角镇、嘉定区嘉定镇、浦东新区新场镇、金山区张堰镇、青浦区练塘镇、嘉定区南翔镇、浦东新区高桥镇、青浦区金泽镇、浦东新区川沙新镇共11个镇入选。

历史文化名村是国家层面保存文物特别丰富并且具有重大历史价值或者革命纪念意义的村庄。上海的松江区泗泾镇下塘村、闵行区浦江镇革新村入选。

历史文化名城、名镇、名村应自批准公布之日起1年内编制完成保护规划，纳入总体城市规划。保护规划的内容包括：①保护原则、保护内容和保护范围；②保护措施、开发强度和建设控制要求；③传统格局和历史风貌保护要求；④历史文化街区、名镇、名村的核心保护范围和建设控制地带；⑤保护规划分期实施方案。

文物保护单位、文物保护点的概念与保护内容

文物保护单位为中国大陆对确定纳入保护对象的不可移动文物的统称，并对文物保护单位本体及周围一定范围实施重点保护。文物保护单位是指具有历史、艺术、科学价值的古文化遗址、古墓葬、古建筑、石窟寺和石刻。文物保护单位是古代科学技术信息的媒介，对于科技史和科学技术研究有着重要意义。尚未核定公布为文物保护单位的不可移动文物，由区、县人民政府文物行政管理部门予以登记，并公布为文物保护点。

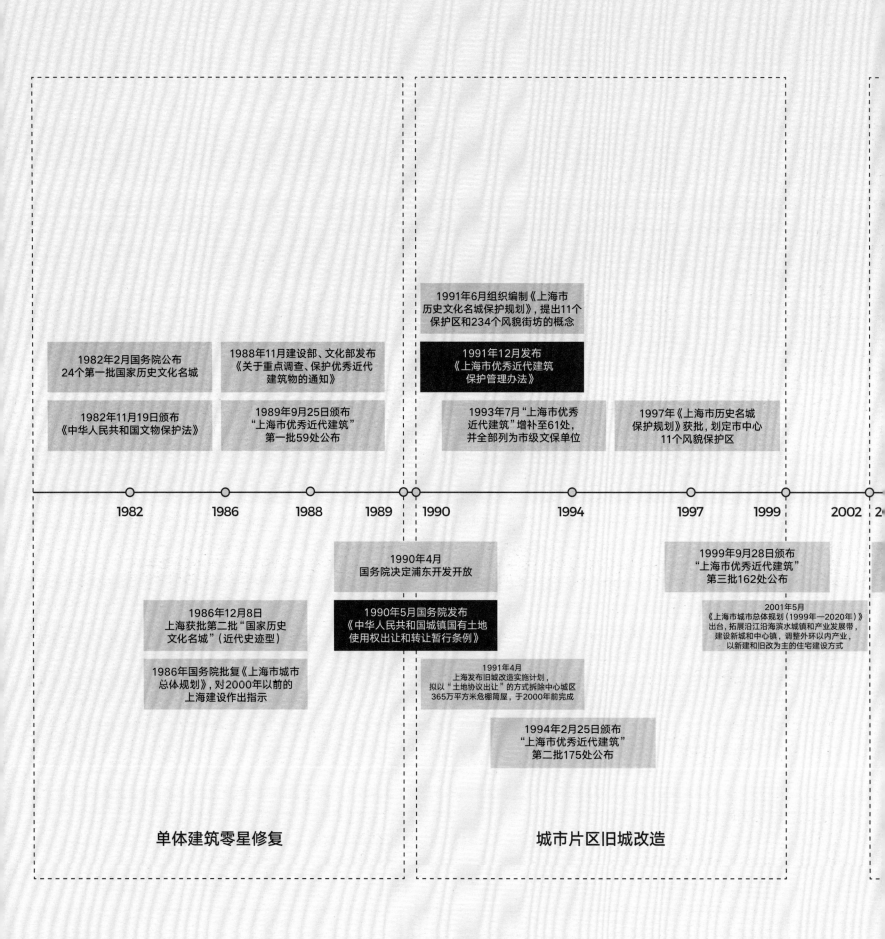

1991年6月组织编制《上海市历史文化名城保护规划》，提出11个保护区和234个风貌街坊的概念

1982年2月国务院公布24个第一批国家历史文化名城

1988年11月建设部、文化部发布《关于重点调查、保护优秀近代建筑物的通知》

1991年12月发布《上海市优秀近代建筑保护管理办法》

1982年11月19日颁布《中华人民共和国文物保护法》

1989年9月25日颁布"上海市优秀近代建筑"第一批59处公布

1993年7月"上海市优秀近代建筑"增补至61处，并全部列为市级文保单位

1997年《上海市历史名城保护规划》获批，划定市中心11个风貌保护区

1982　　1986　　1988　　1989　　1990　　　　1994　　　　1997　　1999　　　2002

1999年9月28日颁布"上海市优秀近代建筑"第三批162处公布

1990年4月国务院决定浦东开发开放

1986年12月8日上海获批第二批"国家历史文化名城"（近代史迹型）

1990年5月国务院发布《中华人民共和国城镇国有土地使用权出让和转让暂行条例》

2001年5月《上海市城市总体规划（1999年—2020年）》出台，拓展沿江沿海滨水城镇和产业发展带，建设新城和中心镇，调整外环以内产业，以新建和旧改为主的住宅建设方式

1986年国务院批复《上海市城市总体规划》，对2000年以前的上海建设作出指示

1991年4月上海发布旧城改造实施计划，拟以"土地协议出让"的方式拆除中心城区365万平方米危棚简屋，于2000年前完成

1994年2月25日颁布"上海市优秀近代建筑"第二批175处公布

单体建筑零星修复

城市片区旧城改造

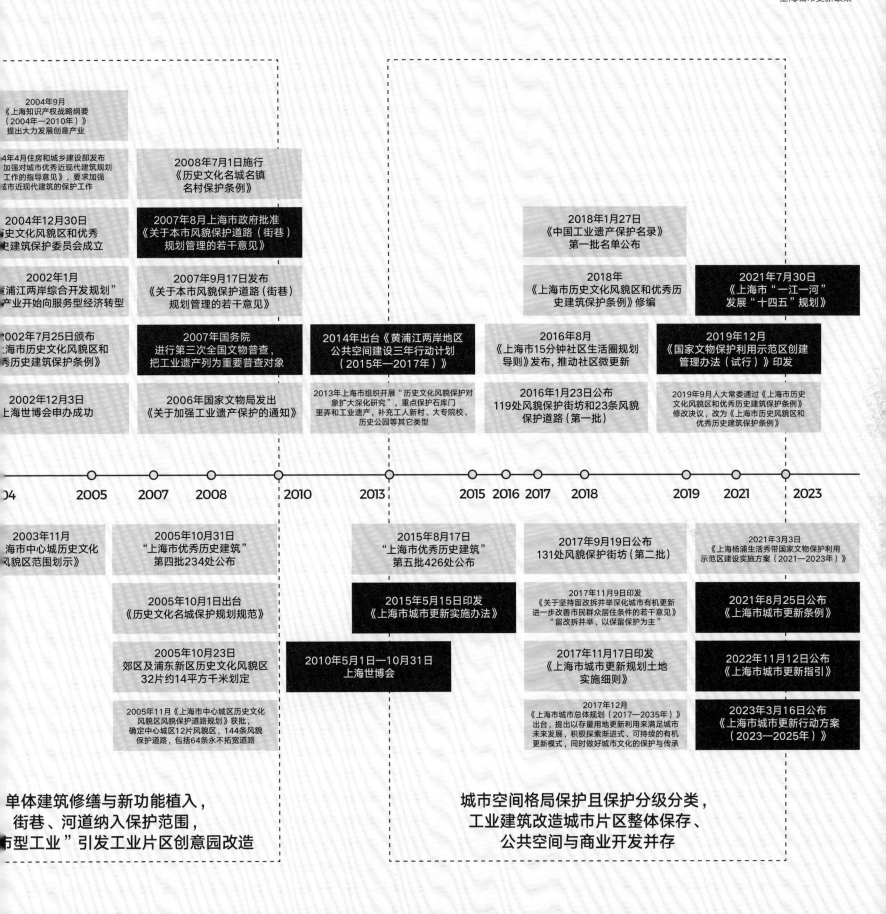

2004年9月
《上海知识产权战略纲要
（2004年—2010年）》
提出大力发展创意产业

4年4月住房和城乡建设部发布
加强对城市优秀近现代建筑规划
工作的指导意见》，要求加强
城市近现代建筑的保护工作

2008年7月1日施行
《历史文化名城名镇
名村保护条例》

2004年12月30日
史文化风貌区和优秀
史建筑保护委员会成立

2007年8月上海市政府批准
《关于本市风貌保护道路（街巷）
规划管理的若干意见》

2018年1月27日
《中国工业遗产保护名录》
第一批名单公布

2002年1月
浦江两岸综合开发规划"
产业开始向服务型经济转型

2007年9月17日发布
《关于本市风貌保护道路（街巷）
规划管理的若干意见》

2018年
《上海市历史文化风貌区和优秀历
史建筑保护条例》修编

2021年7月30日
《上海市"一江一河"
发展"十四五"规划》

2002年7月25日颁布
海市历史文化风貌区和
秀历史建筑保护条例》

2007年国务院
进行第三次全国文物普查，
把工业遗产列为重要普查对象

2014年出台《黄浦江两岸地区
公共空间建设三年行动计划
（2015年—2017年）》

2016年8月
《上海市15分钟社区生活圈规划
导则》发布，推动社区微更新

2019年12月
《国家文物保护利用示范区创建
管理办法（试行）》印发

2002年12月3日
上海世博会申办成功

2006年国家文物局发出
《关于加强工业遗产保护的通知》

2013年上海市组织开展"历史文化风貌保护对
象扩大深化研究"，重点保护石库门
里弄和工业遗产，补充工人新村、大专院校、
历史公园等其它类型

2016年1月23日公布
119处风貌保护街坊和23条风貌
保护道路（第一批）

2019年9月人大常委通过《上海市历史
文化风貌区和优秀历史建筑保护条例》
修改决议，改为《上海市历史风貌区和
优秀历史建筑保护条例》

04　　2005　　2007　　2008　　2010　　2013　　2015　2016　2017　2018　　2019　　2021　　2023

2003年11月
海市中心区历史文化
风貌区范围划示》

2005年10月31日
"上海市优秀历史建筑"
第四批234处公布

2015年8月17日
"上海市优秀历史建筑"
第五批426处公布

2017年9月19日公布
131处风貌保护街坊（第二批）

2021年3月3日
《上海杨浦生活秀带国家文物保护利用
示范区建设实施方案（2021—2023年）》

2005年10月1日出台
《历史文化名城保护规划规范》

2015年5月15日印发
《上海市城市更新实施办法》

2017年11月9日印发
《关于坚持留拆并举深化城市有机更新
进一步改善市民群众居住条件的若干意见》
"留改拆并举、以保留保护为主"

2021年8月25日公布
《上海市城市更新条例》

2005年10月23日
郊区及浦东新区历史文化风貌区
32片约14平方千米划定

2010年5月1日—10月31日
上海世博会

2017年11月17日印发
《上海市城市更新规划土地
实施细则》

2022年11月12日公布
《上海市城市更新指引》

2005年11月《上海市中心城区历史文化
风貌区风貌保护道路规划》获批，
确定中心城区12片风貌区，144条风貌
保护道路，包括64条永不拓宽道路

2017年12月
《上海市城市总体规划（2017—2035年）》
出台，提出以存量土地更新利用来满足城市
未来发展，积极探索渐进式、可持续的有机
更新模式，同时做好城市文化的保护与传承

2023年3月16日公布
《上海市城市更新行动方案
（2023—2025年）》

单体建筑修缮与新功能植入，
　街巷、河道纳入保护范围，
币型工业"引发工业片区创意园改造

城市空间格局保护且保护分级分类，
工业建筑改造城市片区整体保存、
公共空间与商业开发并存

21

文物保护单位分为三级，即全国重点文物保护单位、省级文物保护单位和市县级文物保护单位，由相关人民政府登记公布备案。文物保护单位根据其级别分别由中华人民共和国国务院、省级政府、市县级政府划定保护范围，设立文物保护标志及说明，建立记录档案，并区别情况分别设置专门机构或者专人负责管理。文物保护点由县级人民政府登记备案。一旦确定为文物保护单位，其保护范围内不得进行其他建设工程或者爆破、钻探、挖掘等作业。建设工程选址应当尽可能避开不可移动文物；因特殊情况不能避开的，对文物保护单位应当尽可能实施原址保护。因特殊需要在文物保护单位的保护范围内进行其他建设工程或者爆破、钻探、挖掘等作业的，必须保证文物保护单位的安全，并经核定公布该文物保护单位的政府批准，在批准前应当征得上一级人民政府文物行政部门同意。

历史文化风貌区、风貌保护道路、风貌保护街坊的概念与保护内容

2002 年，上海颁布《上海市历史文化风貌区和优秀历史建筑保护条例》，开启了上海系统化保护历史风貌区、道路、街坊和建筑的时期。历史文化风貌区是指历史建筑集中成片，建筑样式、空间格局和街区景观较完整地体现上海某一历史时期地域文化特点的地区。划定了中心城区包括老城厢、人民广场、外滩、南京西路、愚园路、衡山路—复兴路、新华路、虹桥路、龙华、

提篮桥、山阴路、江湾在内的 12 片，以及郊区和浦东新区包括枫泾、新场、朱家角、奉城老城厢、金泽、练塘、娄塘、罗店、张堰、高桥老街、川沙中市街、松江仓城、松江府城、青浦老城厢、嘉定西门、嘉定州桥、重固老通波塘、徐泾蟠龙、青浦白鹤岗、南翔双塔、南翔古猗园、大团北大街、航头下沙老街、南汇横沔老街、南汇六灶港、奉贤青村港、庄行南桥塘、七宝老街、浦江召楼老街、崇明堡镇光明街、崇明草棚村、泗泾下塘在内的 32 片。风貌保护街坊是风貌保护区的扩大，2016 年公布第一批 119 处街坊名单，2017 年又增补 131 处。风貌保护道路是经市政府批准的《历史文化风貌区保护规划》所确定的历史文化风貌特色明显的一、二、三、四类风貌保护道路（街巷），包括沿线两侧第一层面建筑、绿化等所占区域，共 167 条，其中 64 条为永不拓宽道路。

历史文化风貌区的特色主要是由城市功能构成、历史建筑类型和数量、空间格局和公共空间及绿地系统的特点、历史肌理的完好程度和类型构成以及其他历史、文化和社会生活等无形文化遗产方面直观体现的。

对于历史文化风貌区，应当编制风貌区保护规划对其进行保护。在历史文化风貌区核心保护范围内进行建设活动，应当符合历史文化风貌区保护规划和下列规定：①不得擅自改变街区空间格局和建筑原有的立面、色彩；②除确需建造的建筑

附属设施外，不得进行新建、扩建活动，对现有建筑进行改建时，应当保持或者恢复其历史文化风貌；③不得擅自新建、扩建道路，对现有道路进行改建时，应当保持或者恢复其原有的道路格局和景观特征；④不得新建工业企业，现有妨碍历史文化风貌区保护的工业企业应当有计划迁移。在历史文化风貌区建设控制范围内进行建设活动，应当符合历史文化风貌区保护规划和下列规定：①新建、扩建、改建建筑时，应当在高度、体量、色彩等方面与历史文化风貌相协调；②新建、扩建、改建道路时，不得破坏历史文化风貌；③不得新建对环境有污染的工业企业，现有对环境有污染的工业企业应当有计划迁移。在历史文化风貌区建设控制范围内新建、扩建建筑，其建筑容积率受到限制的，可以按照城市规划实行异地补偿。

此外，保护条例中明确规定属于一类风貌保护道路（街巷）的不得进行任何建设、修缮、整治活动；二、三、四类风貌保护道路（街巷）不得进行整街坊路段建设、修缮和整治活动。涉及对二、三、四类风貌保护道路（街巷）沿线建筑外形、色彩及街道景观进行零星建设、修缮、整治的，除依据相关的历史文化风貌区保护规划外，必须依法经规划管理部门或有关主管部门批准。

优秀历史建筑的概念与保护内容

优秀历史建筑是指建成年限在三十年

以上，并有下列情形之一的建筑，可以确定为优秀历史建筑：①建筑样式、施工工艺和工程技术具有建筑艺术特色和科学研究价值；②反映上海地域建筑历史文化特点；③著名建筑师的代表作品；④在我国产业发展史上具有代表性的作坊、商铺、厂房和仓库；⑤其他具有历史文化意义的优秀历史建筑。

上海自1989年以来陆续公布有1058处优秀历史建筑：第一批59处，1989年9月25日公布（当时称"优秀近代建筑"，1993年增补至61处）；第二批175处，1994年2月25日公布；第三批162处，1999年9月28日公布；第四批234处，2005年10月31日公布；第五批426处，2015年8月17日公布。

根据2019年《上海市历史文化风貌区和优秀历史建筑保护条例》的第三次修正版，优秀历史建筑的保护范围内不得新建建筑；确需建造优秀历史建筑附属设施的，应当报市规划管理部门审批。市规划管理部门审批时，应当征求市房屋土地管理部门的意见；在优秀历史建筑的周边建设控制范围内新建、扩建、改建建筑的，应当在使用性质、高度、体量、立面、材料、色彩等方面与优秀历史建筑相协调，不得改变建筑周围原有的空间景观特征，不得影响优秀历史建筑的正常使用。在优秀历史建筑的周边建设控制范围内新建、扩建、改建建筑的，应当报市规划管理部门审批。市规划管理部门审批时，应当征求

国家级相关概念	省、市级相关概念	相应更新方式
全国文物保护单位	市级文物保护单位 区级文物保护单位 上海市一类优秀历史建筑 上海市二类优秀历史建筑 上海市一类风貌保护道路	**1** 以保护、保存修缮为主的更新方式 对划定为国家级、省级、市级、区级文物保护单位，上海市一类、二类的优秀历史建筑和上海市一类风貌的保护道路，对于建筑不得改变其立面、结构体系、平面布局和内部装饰；对于道路不得进行任何建设、修缮、整治活动。
历史文化名城 历史文化名镇 历史文化名村 中国工业遗产	上海市二类风貌保护道路 上海市三类风貌保护道路 上海市四类风貌保护道路 上海市历史文化风貌区 上海市三类优秀历史建筑 上海市四类优秀历史建筑	**2** 兼顾风貌与需求的更新方式 对划定为中国历史文化名城、名镇、名村，中国工业遗产和上海市历史文化风貌区二、三、四类的风貌保护道路，上海市三类、四类的优秀历史建筑，应编制保护规划划定核心区和控制建设区，在完整保留核心区历史风貌的前提下，适当更新以满足当下生活需求。
	上海市风貌保护街坊 上海市文物保护点 上海市一般既有建筑	**3** 多元创造的有机更新方式 对于新增加的保留上海各种类型城市特征的街坊和具有一定文化、社会、城市特征的一般既有建筑，应进行多元化、开放性更新。

市房屋土地管理部门和所在区、县人民政府的意见。

优秀历史建筑的保护要求,根据建筑的历史、科学和艺术价值以及完好程度,分为以下四类:对于一类保护建筑,建筑的立面、结构体系、平面布局和内部装饰不得改变;对于二类保护建筑,建筑的立面、结构体系、基本平面布局和有特色的内部装饰不得改变,其他部分允许改变;对于三类保护建筑,建筑的立面和结构体系不得改变,建筑内部允许改变;对于四类保护建筑,建筑的主要立面不得改变,其他部分允许改变。

中国工业遗产的内容和保护内容

中国工业遗产,一是指在中国历史或行业历史上有标志性意义,见证了本行业在世界或中国的发端、对中国历史或世界历史有重要影响、与中国社会变革或重要历史事件及人物密切相关,具有较高历史价值的工业遗产;二是反映工业生产技术重大变革、具有代表性,反映某行业、地域或某个历史时期的技术创新、技术突破,对后续科技发展产生重要影响,具有较高科技价值的工业遗产;三是具备丰富的工业文化内涵,对当时社会经济和文化发展有较强的影响力,反映了同时期社会风貌,在社会公众中拥有广泛认同,具有较高社会价值的工业遗产;四是其规划、设计、工程代表特定历史时期或地域的风貌特色,对工业美学产生重要影响,具有较高艺术价值的工业遗产。

2023年3月我国工业和信息化部印发了《国家工业遗产管理办法》,办法明确了国家工业遗产突出保护利用的重点区域,同时强调遗产利用应注重生态保护、整体保护、周边保护,以自然人文和谐共生的理念,实现动态传承和可持续发展。办法提出鼓励和支持大运河、黄河、长江沿线城市和革命老区、老工业城市通过国家文化公园、工业遗址公园、爱国主义教育基地建设和老工业城市搬迁改造,系统性参与国家工业遗产保护利用。实行工业遗产管理的目的一方面弘扬具有工业文化底蕴的优秀企业的工业精神,传承工业文化;另一方面完善全国工业遗产的监督制度,推进各地区工业遗产的保护发展,提高工业遗产认定程序和监管政策的体系化和系统化水平。管理保护规定工业遗产的所有权人在遗产区内设置标志和展陈设施,以宣传遗产的重要价值和保护理念等;应设置专人检测遗产保存状况,划定保护范围,采取有效保护措施,保持遗产格局、结构、样式和风貌特征,确保核心物项不被破坏;应建立完备的遗产档案,记录国家工业遗产的核心物项保护、遗存收集、维护修缮、发展利用、资助支持等情况。

历史建筑与城市更新的关系

虽然历史文脉保护与城市日益增长的建设需求在一定程度上存在矛盾,但如今上海的历史保护体系已日趋完善,各项分类分级制度健全,相应地也形成了以下三种城市更新实施方式,以应对不同的有机更新需求。

一是以保护、保存、修缮为主的更新方式:对划定为国家级、省级、市级、区级文物保护单位,上海市一类、二类优秀历史建筑和上海市一类风貌保护道路,采取保护保存、以修缮为主的更新方式。对于建筑不得改变其立面、结构体系、平面布局和内部装饰,对于道路不得进行任何建设、修缮、整治活动。

二是兼顾风貌与需求的更新方式:对划定为中国历史文化名城、名镇、名村和上海市历史文化风貌区,二、三、四类风貌保护道路,中国工业遗产和上海市三、四类优秀历史建筑,应当在保留完整历史风貌的前提下,适当更新以满足当下生活需求。

三是多元创造的有机更新方式:对于新增加的保留上海各种类型城市特征的街坊和对于具有一定文化、社会、城市特征的一般既有建筑,鼓励更为开放和多元的更新方式。

研究案例的分布与类型

本书以位于上海中心城区的32处历史建筑为主要研究对象,以它们在城市有机更新过程中扮演的不同角色,来反映城市更新背景下上海优秀历史建筑保护与再利用的现状和未来潜力。

原吴同文宅的瓷砖复原研究和荣氏老

宅的彩色玻璃精细化修复体现了优秀历史建筑修缮的多种方式；天平街道"邻里汇"被改造为居住区中的社区综合体，为周边居民提供了便民社区服务，成为活力十足的聚集点；徐家汇源（徐家汇天主堂＋徐家汇观象台旧址）、上海音乐学院汾阳路校区以组团式的优秀历史建筑的保护与修缮推动了一个地区的复兴，提升了周边社区的整体环境；上海音乐厅、上海市历史博物馆和外白渡桥的修缮或是介入了上海城市重大工程，或是参与了城市文化建设，均带来了积极和广泛的社会效益；谈家桢、苏步青故居经修缮和改造后，成为复旦大学历史人文精神的展示空间；同济大学文远楼的节能改造、华东电力管理局大楼的改造、解放日报社的修缮与加建、绿之丘在复合利用下对土地权属的垂直划分催生了新的保护理念与价值取向。

1933 老场坊和上海当代艺术博物馆的改造与开发领衔优秀工业建筑的保留保护与再利用，为城市公共空间的塑造作出了贡献；灰仓艺术空间和徐汇跑道公园的改造和再利用为城市基础设施的转型和复合使用提供了新思路；徐汇滨江公共空间和杨浦滨江公共空间的转型带动了处于闲置状态的滨水岸线的复兴，为公众带来了新的城市公共空间；苏河湾的两栋建筑（上海总商会大楼＋四行仓库）一前一后的修缮工程塑造了面向苏州河的公共界面，开启了苏河湾复兴之路；华东政法大学长宁校区将原本分隔校园与河滨步道的围栏全部拆除，逐步实现苏州河两岸公共空间的贯通，成为校园优秀历史建筑与城市公共滨水空间结合的独特范例。

外滩源、思南公馆、春阳里和张园的成片式保护和开发模式保留了城市历史肌理，实现了文脉的保护和延续；武康路、上生·新所、今潮 8 弄和建业里的改造更新体现了城市生活方式的多样性和包容性；上海第一百货商业中心六合路商业街、江湾体育中心的改扩建工程结合新时期历史建筑保护政策与方法，大胆地对城市更新方式进行了突破与探索。

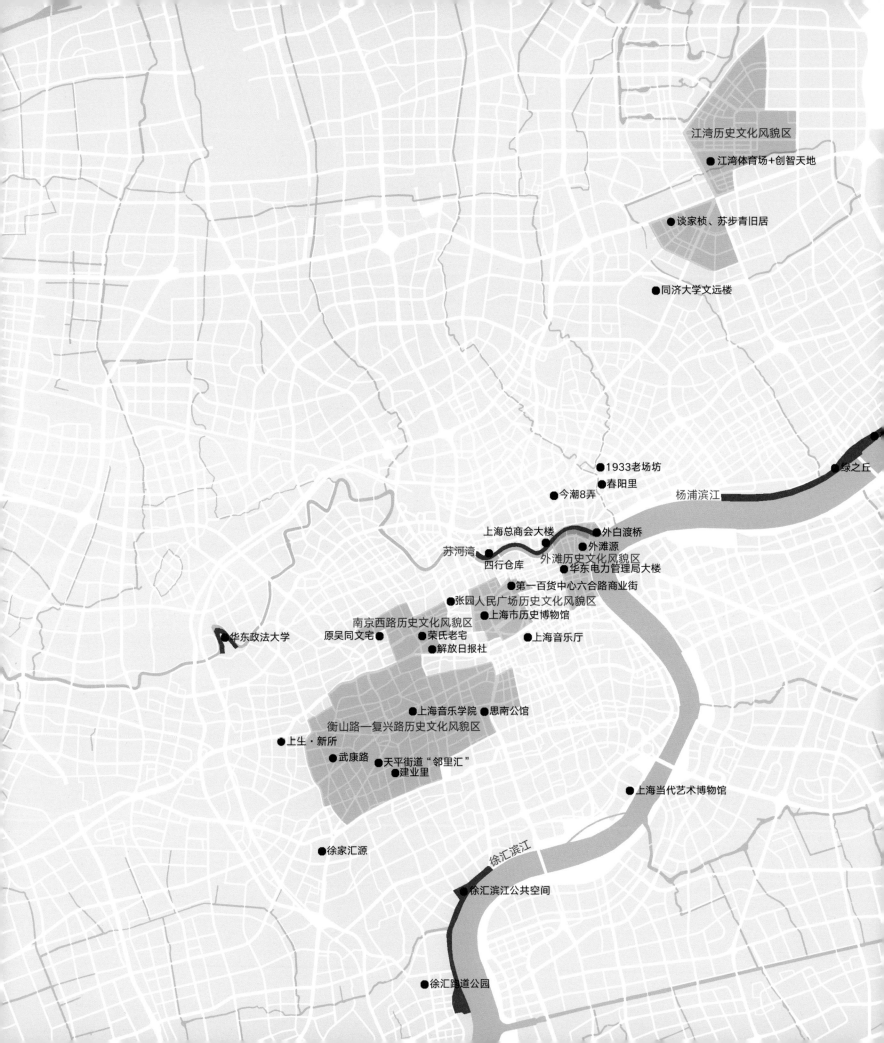

江湾历史文化风貌区

●江湾体育场+创智天地

●谈家桢、苏步青旧居

●同济大学文远楼

●1933老场坊
●春阳里
●今潮8弄 　　　　　　　杨浦滨江 　　　　　　　　●绿之丘

上海总商会大楼 　　●外白渡桥
苏河湾 　　　　　　　　●外滩源
　　　四行仓库 　　外滩历史文化风貌区
　　　　　　　　　●华东电力管理局大楼
　　　　●第一百货中心六合路商业街
　　　●张园人民广场历史文化风貌区
南京西路历史文化风貌区 　●上海市历史博物馆
原吴同文宅● 　　●荣氏老宅 　　　　●上海音乐厅
　　　　　●解放日报社
●华东政法大学

　　　　　　　　●上海音乐学院 　　●思南公馆
衡山路一复兴路历史文化风貌区
●上生·新所
　　●武康路 　　●天平街道"邻里汇"
　　　　　　　　●建业里

　　　　　　　　　　　　　　　　●上海当代艺术博物馆

●徐家汇源

　　　　　　　　徐汇滨江
　　　　　　●徐汇滨江公共空间

●徐汇跑道公园

仓艺术空间

头空间

选择案例分布图
● 上海市历史建筑
— 工业遗存与滨水空间
■ 历史文化风貌区

Conservation System and Future Trend of Historic Buildings in Shanghai
上海城市更新与风貌保护的历史进程及未来方向

张松　ZHANG Song

同济大学教授，住建部科技委历史文化保护与传承专委会委员

2017 年，国务院批复的《上海市城市总体规划（2017—2035 年）》中确定了规划建设用地总规模负增长的存量规划管控要求[1]。2019 年，上海市"十二五"规划发布，在全国率先制定了"创新驱动、转型发展"战略方向。

国家"十四五"规划中明确了"全面提升城市品质"的目标任务，要求"加快转变城市发展方式，统筹城市规划建设管理，实施城市更新行动，推动城市空间结构优化和品质提升"。上海市"十四五"规划中也确立了"焕发历史文化新风貌"，"以城市更新促进功能更新，在商业商务载体中融入特色居住功能和活力开放空间，挖掘中央活动区集聚的城市历史文化价值"等具体目标。这一切都标志着城市有机更新已成为决策者、专业人士和普通市民共同关心的重要事务。

2021 年 8 月 25 日，《上海市城市更新条例》经市人大常委会表决通过，并于 9 月 1 日起开始施行，标志着上海告别"大拆大建"的大规模增量建设阶段，全面进入存量发展，倡导城市有机更新、微更新的新时代。

可持续的城市发展和精细化管理关系到全体市民的生活质量，新时代的城市更新能否吸取过去 30 余年旧区改造的经验教训，能否在"创新、协调、绿色、开放、共享"五大发展理念指引下实现历史风貌整体保护、环境品质全面提升和海派城市文化复兴，还需要在政策措施、机制转型、公众参与、精细化管理等方面有序实践，积极探索。

从旧区改造到城市更新的历程回顾

近年来，"城市更新"一词正成为国内规划建设领域的流行用语。深圳、广州、上海等大城市均制定了城市更新地方性法规来推动和协调本市的城市更新行为。在建筑学和城乡规划专业领域，"城市更新"（urban renewal）并不是一个新词，在西方社会曾备受诟病。今天，由于国家政策、地方性法规和主流传媒的全方位介入，"城市更新"正走向社会并为广大市民所熟悉，而且与人们工作和生活的关系越来越密切。回顾 20 世纪 90 年代以来上海的旧区改造和城市更新的历程，分析其特征、问题和面临的挑战，对未来切实推进城市更新行动和历史文化保护实践具有一定的参考借鉴意义。

20 世纪 90 年代之前：起步阶段的小规模旧改

20 世纪 80 年代以来，上海市针对旧城区的更新改造最初是从旧住宅改造起步的。旧住宅改造，即对棚户、简屋、危房进行拆除重建，以及对旧式里弄住宅进行改建，包括改善基础设施、增加建筑面积、

1　上海市人民政府：《上海市城市总体规划（2017—2035 年）》，上海科学技术出版社，2018。

28

提高住宅成套率等以改善居住条件为目的的建设行为[2]。在不同历史时期，旧区改造内容、改造方法的侧重有所不同。90年代之前的旧改以旧住房成套改造、平改坡及综合平改坡、旧小区综合改造等方式居多，每个改造项目的规模并不大，老旧建筑的改造和干预程度较为适度，像原南市区蓬莱路303弄、252弄改建工程项目，作为里弄住宅成套改造的早期实践案例，至今依然会受到业内人士的称道[3]。

80年代后期，伴随土地制度改革试点的推进，将中心区人口密集、居住条件差、市政设施落后的危房、棚户、简屋、旧里等街坊或小区整体以批租形式出让，建造起符合城市规划标准的商贸大楼、办公楼和高层住宅；政府通过收回土地出让金，投入市政设施建设和旧区改造中，这种典型的"以地养地"的空间再生产模式正是上海旧改迈向"大拆大建"模式的肇始。1987年，市政府颁布《上海市土地使用权有偿转让办法》；1988年8月进行了第一块土地公开招标的实践；1992年，开拓了土地批租利用外资进行旧区改造和新区建设的城市再开发模式[4]。

1992—2000年：
"365旧改"攻坚战

90年代以后，旧区改造迈开了更大的步伐。1991年3月，上海市委、市政府召开住宅建设工作会议，决定"按照疏解的原则，改造棚户、危房，动员居民迁到新区去"。1992年，上海市第六次党代会提出，到20世纪末，要完成365万平方米的棚户、简屋改造，住宅成套率达到70%，由此拉开了大规模旧区改造的序幕。1998年5月，市政府下发《关于加快中心城区危棚简屋改造的试行办法》，8月又下发了《关于加快本市中心城区危棚简屋改造实施办法的通知》，明确了更为优惠的政策措施。在实施推进上，自1998年起，市政府连续三年将"365危棚简屋"改造列为市政府实事项目，具体由各区政府负责各区旧改工程建设。1999年的《政府工作报告》中提出"要打好旧区改造攻坚战，切实改善市民居住条件"。

事实上，1992—1993年出现的第一次土地批租高潮，促进了老城区旧改工程的快速推进。至1995年底，因市政工程建设需要和房地产开发总计拆除危旧房1163万平方米，动迁居民29.7万户，这个数字是"七五"时期的3.7倍。经过各方不懈努力，2000年底前，上海市全面完成

了"365危棚简屋"项目（简称"365旧改"）的预定目标，共拆除各类房屋2900万平方米，动迁安置66万户居民，新建住宅1.2亿平方米，10万户人均居住面积4平方米以下的困难家庭的住房问题得到了解决[5]。

2001—2010年：
"新一轮旧改"重启

2001年，上海市房屋土地管理局按照市政府新一轮旧区改造要求，对全市各类旧住房的数量及其分布情况进行调查摸底，结果显示全市旧里以下旧住房总量为2015万平方米，其中：一级旧里房屋530万平方米，二级旧里房屋1192万平方米，简屋293万平方米。旧里占地面积3050万平方米。在政策法规方面，2001年起开始实行土地有偿使用招标拍卖，2001年5月市政府颁布《关于修改〈上海市土地使用权出让办法〉的决定》（7月1日起实施）。土地批租为上海的危棚旧屋改造提供了资金，在当时历史条件下为大规模旧区改造创造了有利条件[6]。

在"365旧改"期间，就有保护专家和部分媒体对旧区改造中出现的历史建筑保护问题多次发出过呼吁。1999年9月，上海市建设委员会和上海市房屋土地管理

2 《上海住宅建设志》编纂委员会：《上海住宅建设志》，上海社会科学院出版社，1998。
3 斯范：《改造旧住宅的一个探索——介绍上海市蓬莱路303弄旧里改造试点工程》，《住宅科技》1983年第6期，第12-15页。
4 王坤、李志强：《新中国土地征收制度研究》，社会科学文献出版社，2009。
5 许璇：《上海"365危棚简屋"改造的历史演进及经验启示》，《上海党史与党建》2015年第5期，第36-38页。
6 万勇：《上海旧区改造的历史演进、主要探索和发展导向》，《城市发展研究》2009年第16卷第11期，第52、97-101页。

局发布经市政府同意的《关于本市历史建筑与街区保护改造试点的实施意见》,要求静安、徐汇、卢湾、长宁四个区的人民政府在旧区改造中开始进行保护保留改造试点。2002年,市政府在向市十一届人大五次会议递交的专题报告中提出,上海旧区改造将由此前较为单一的"破旧立新"式的改造,转变为"拆改留"并举的方式。所谓"拆"是指对结构简陋、环境较差的旧里房屋进行拆除重建;"改"是对一些结构尚好、功能不全的房屋进行改善性改造,如成套改造等;"留"是对具有历史文化价值的街区、建筑及花园住宅、新式里弄等加以保留。

2003年1月,《上海市历史文化风貌区和优秀历史建筑保护条例》开始施行;2004年9月,市政府发布《关于进一步加强本市历史文化风貌区和优秀历史建筑保护的通知》。在这之后的数年间,历史建筑和历史风貌保护得到前所未有的重视。然而,受迎接2010上海世博会相关市政建设快速推进等因素影响,历史风貌保护工程项目并未得到全面推广。

2011年以来:从"拆改留"到"留改拆"的转型

2009年底,为贯彻《国务院关于解决城市低收入家庭住房困难的若干意见》等文件精神,住房和城乡建设部、国家发展和改革委员会等五部委共同发布《关于推进城市和国有工矿棚户区改造工作的指导意见》。为贯彻国家相关文件精神,上海市制定了相应的政策措施。

2010年2月,市政府印发《关于贯彻国务院推进城市和国有工矿棚户区改造会议精神加快本市旧区改造工作的意见》,明确了新的旧改工作目标和任务:2010—2012年,中心城区完成约240万平方米二级旧里以下房屋改造;继续开展旧住房综合整治;积极推进历史建筑和风貌保护街区保护性改造和整治。"十二五"期间,中心城区完成约350万平方米二级旧里以下房屋改造。其中,长宁、卢湾、静安、徐汇等区基本完成二级旧里以下房屋改造。进入"十三五"时期,旧改工作依然是政府的重要目标和任务。2020年市长政府工作报告提到,2019—2020年"完成55.3万平方米、2.9万户中心城区成片二级旧里以下房屋改造,完成1184万平方米旧住房综合改造、104万平方米里弄房屋修缮保护"。

2014年5月,上海市第六次规划土地工作会议明确提出"上海规划建设用地规模要实现负增长"。城市更新成为上海城市发展的主要方式,也是未来城市治理的关键抓手。2020年将持续改善市民居住条件。坚持"留改拆"并举,统筹推进历史风貌保护、城市更新、旧区改造与大居建设、住房保障等工作。

2021年8月25日,上海市人大常委会通过《上海市城市更新条例》,这是一部推动上海城市发展方式转变、促进城市能级提升、增强城市竞争力的重要法规。该条例践行"人民城市"重要理念,总结强化了上海"留改拆"并举、城市有机更新、土地高质量利用、历史风貌保护等城市更新模式,对旧住房更新收尾难、产业用地低效等难点问题提出破解路径,努力为建设宜居、绿色、韧性、智慧、人文的国际化大都市提供城市更新行动方案。

从优秀近代建筑到历史风貌的保护实践

上海开埠180余年来,在东西方文化碰撞中所形成的优秀历史建筑和历史风貌,构成了上海特有的城市遗产和景观特色。这些历史文化遗产和建成环境遗产是上海提高城市综合竞争力、建设国际化大都市不可或缺的文化资本和资源,在城市文化规划和发展、增加城市吸引力等方面应当发挥更加积极的作用。

历史文化名城保护制度的初创

我国的历史文化名城保护事业始于20世纪80年代初。1982年2月,国务院将北京等24座城市列选为第一批国家历史文化名城。1986年12月,上海被国务院列入第二批国家历史文化名城。自1986年起,上海市逐步建立起比较完善的城市历史风貌保护管理制度,积累了城市遗产保护与利用的实践经验,在城市历史风貌保护、弘扬传统文化等方面展开了多种方式的实践探索,彰显了上海历史文化风貌与现代化国际大都市氛围相互交融的独特魅力。

1989 年 9 月，按照建设部、文化部发布的《关于重点调查、保护优秀近代建筑物的通知》(1988 年 11 月) 的相关要求，上海市政府正式公布了第一批共 59 处优秀近代建筑。1991 年 12 月，上海市政府正式颁布《上海市优秀近代建筑保护管理办法》，由此开始形成由规划局、房屋土地资源管理局和文物管理委员会（均为当时的名称，俗称"三驾马车"）共同负责的历史建筑保护管理机制。1993 年 7 月，上海市优秀近代建筑增补至 61 处，并全部被列为上海市级文物保护单位。1991 年 7 月，上海市规划局开始组织编制《上海市历史文化名城保护规划》，在中心城区划定了外滩等 11 片历史文化风貌区，确定了每片风貌保护区的保护范围、建筑控制地带和环境协调区。

新世纪的历史文化风貌整体保护

进入 21 世纪以来，上海加大了历史文化名城保护的力度。2002 年 7 月，上海市人大常委会通过了《上海市历史文化风貌区和优秀历史建筑保护条例》(2003 年 1 月 1 日起施行，简称《保护条例》)，上海历史风貌保护工作的主要法律依据由政府规章上升为地方性法规，将列入保护建筑的年限标准由"1840 年至 1949 年期间"，扩展至"建成 30 年以上的建筑"，名称也由"优秀近代建筑"改为"优秀历史建筑"。

依法保护管理的对象范围由优秀近代建筑或建筑群，扩展至历史文化风貌区，同时对保护管理的内容和方法作出了更明确和细致的规定。

2003 年 10 月，上海市召开城市规划工作会议，市委市政府提出要树立"开发新建是发展，保护改造也是发展"的新理念，明确"建立最严格的保护制度"的指导思想，将上海的城市遗产保护工作提升到新的高度。2004 年 12 月，统筹协调城市历史文化风貌区和优秀历史建筑保护工作的议事协调机构——上海市历史文化风貌区和优秀历史建筑保护委员会正式成立。

2005 年，上海市人民政府批准了《上海市历史文化风貌区保护规划》和《上海市中心城区历史文化风貌区风貌保护道路规划》，根据道路风貌特征和采取的规划措施，将风貌道路分为四类进行保护，共确定了 374 条风貌保护道路，79 条风貌保护河道；在中心城区历史文化风貌区内确定了 144 条风貌保护道路（街巷），其中 64 条为"一类风貌保护道路"，即"永不拓宽的街道"。2007 年 8 月市政府批准市规划局《关于本市风貌保护道路（街巷）规划管理的若干意见》，这个规范性文件使得上海的风貌道路保护有了管理的基本依据，部分风貌道路的街道景观开始得到保护修缮，街巷环境得到维护整治。

浦江两岸工业遗产的保护再生

上海作为我国近代重要的工业城市，

工业遗产保护规划、更新改造设计实践等也较早开展，至今在城市建成环境中保留着类型极其丰富的工业遗产，也有很多优秀的工业遗产再利用案例。

1998 年，上海市在启动第三批优秀历史建筑调查、申报工作时，市规划局便委托同济大学建筑与城市规划学院专门开展了近代工业建筑调查工作，这是国内开展最早，也是规模较大的一次针对工厂、仓库等工业建筑进行的基础调查和评估论证。经专家论证评审、主管部门批准，最终选定 15 处具有代表性的工业遗产列入第三批优秀历史建筑保护名录，1999 年 9 月由市政府正式公布。

2000 年前后，上海的工业遗产保护利用开始呈现出相当活跃的态势，但总体上看多集中在艺术画廊和创意产业园区这类功能上，并且多为中小型规模的工业厂区建筑改建或再利用。这些老厂房、旧仓库蕴含大量历史文化信息，内部空间环境又适合进行改建再利用，为上海发展文化创意产业提供了得天独厚的资源条件。2010 上海世博会是继 2008 年北京奥运会之后在中国举办的又一项重大国际活动。上海世博会规划范围内的重要工业遗产包括被誉为"中国工业摇篮"的江南造船厂、求新造船厂、南市发电厂等，以及位于浦东地区的上海钢铁厂、上海溶剂厂等大型企业。江南造船厂为晚清"洋务运动"的产物，也是在上海开办的第一家具有规模的近代军工企业。

世博会会场规划建设尝试将大型城市事件与工业遗产保护利用相结合，工业遗产的适当再利用成为这次规划实践中的一个重要方面。根据《中国 2010 年上海世博会规划区控制性详细规划》，世博园区范围内现存约 200 万平方米的建筑中，有 25 万平方米的工业建筑得到保护、保留或改造，占原工业建筑总量的 12.5%。除建筑物之外，一些具有历史价值和特色的船坞、船台等构筑物也被列为保留利用的对象。规划根据工业遗产的历史价值、科技价值和文化价值，以及已公布的保护身份，将其分为保护建筑（文物保护单位和优秀历史建筑）、保留历史建筑、改造利用建筑三类进行规划控制。

由 2010 上海世博会所引发的黄浦江两岸综合开发建设，对工业遗产资源进行了积极的活化再利用，如：徐汇西岸滨水地带利用工业旧建筑改建的众多美术馆、艺术中心等已成为浦江岸线上的文化新地标；杨浦滨江"工业锈带"转型为"生活秀带"，滨水地区整体保护更新实践探索得到中央的称赞和市民的喜爱。2019 年 11 月 2 日，习近平总书记考察杨浦滨江公共空间，并作出了"无论是城市规划还是城市建设，无论是新城区建设还是老城区改造，都要坚持以人民为中心，聚焦人民群众的需求"的重要指示。此后，杨浦滨江由"工业锈带"转型为"生活秀带"的城市更

新实践案例在全国范围内倍受关注。

历史风貌保护与城市有机更新

2014 年 2 月，市政府发布《关于编制上海新一轮城市总体规划的指导意见》，指出要"科学编制、严格执行历史文化保护规划，进一步拓展保护对象和范围，重点覆盖工业遗产、里弄住宅、水乡村落等上海城市特色元素，更加强化历史地区整体环境和空间格局保护，留住上海城市的记忆。增加政府投入，创新保护机制，鼓励社会多方参与，推动城市有机更新"。

2016 年 1 月，市政府公布《上海市历史文化风貌区范围扩大名单》，确定第一批风貌保护街坊 119 处，新增风貌保护道路 23 条。2017 年 9 月，公布了第二批风貌保护街坊 131 处。截至 2023 年年底，风貌保护街坊总数合计达到 254 处。

2016 年，市规划和国土资源管理局（简称"市规土局"）研究制定《上海成片历史风貌保护三年行动计划（2016—2018 年）》，探索从零星旧改、单体保护向成片保护模式的转变。同年，市规土局、市住房和城乡建设委员会、市文物局出台《关于进一步加强本市历史文化风貌抢救性保护管理工作的意见》，要求"历史街区内涉及建成 30 年及以上建、构筑物拆除行为的，实施拆除单位应事先征询区县规划土地、住房和城乡建设、文物等部门意见。涉及建成 50

年及以上建、构筑物拆除行为的，应事先报区县人民政府审定"。同年，市规土局制定《上海市历史风貌成片保护分级分类管理办法》，在严格保护基础上实施分级分类管理，对历史空间进一步细化保护层级，分类提出不同的规划管控要求[7]。

2017 年 12 月 15 日，国务院发文正式批复《上海市城市总体规划（2017—2035 年）》，这是上海未来城市建设发展和管理的基本依据。依法依规管理城乡建设环境，有利于促进城市可持续发展，实现生态文明建设的重要目标。

为贯彻习近平总书记关于保护城市历史文化遗产的指示，落实中央城市工作会议的精神，着眼建设卓越全球城市的目标，针对上海城市发展新特征，2017 年市委、市政府决定将旧改工作思路从"拆改留，以拆除为主"转变为"留改拆并举，以保留保护为主"。同年，市政府印发《关于深化城市有机更新促进历史风貌保护工作的若干意见》《关于坚持留改拆并举深化城市有机更新进一步改善市民群众居住条件的若干意见》，"深化城市有机更新、促进历史风貌保护"成为市委、市政府的重点工作。此后，上海的历史风貌保护、城市文脉传承重要性更加凸显，在历史文化保护中也更加注重城市功能完善与品质提升。

2019 年 9 月，经过市人大实施后评估研究以及社会各方多年的调研与讨论，市人

7　张松：《上海名城保护复兴与人文之城形成刍议》，《同济大学学报（社会科学版）》2019 年第 30 卷第 6 期，第 93-100 页。

保护对象	数量	保护对象	数量
优秀历史建筑（五批）	1058 处（3075 幢）	中国历史文化名街	3 条
历史文化风貌区	44 片（占地面积 41km² ）	历史文化名镇	10 个
风貌保护街坊	254 处	历史文化名村	2 个
风貌保护道路（街巷）	397 条	传统村落	6 个
风貌保护河道	84 条	各级文物保护单位	721 处
50 年以上历史建筑	31 520 栋（中心城区）	文物保护点	2746 处
国家历史文化街区	1 处	全部不可移动文物总数	3467 处

表1 上海市保护对象统计

大常委会通过决议，将《保护条例》名称修改为《上海市历史风貌区和优秀历史建筑保护条例》。修订后的《保护条例》进一步完善了保护对象体系，优化了历史风貌的整体保护和活化利用的机制；将历史文化风貌区、风貌保护街坊、风貌保护道路、风貌保护河道等统称为历史风貌区，增加和扩展了保护对象的类别与范围，并在法律条文中明确了这些保护对象的法定地位；针对作为历史风貌保护核心要素的优秀历史建筑，提出了更为严格、有效的保护要求和措施[8]。

保护更新的巨大成就与新挑战

历史保护取得的成就和实效 （表1）

1989—2015 年上海市分五批公布了 1058 处优秀历史建筑（共 3075 幢建筑），确定了 44 片历史文化风貌区，总占地面积 41 平方千米。截至 2023 年年底，共划定 397 条风貌保护道路（街巷），84 条风貌保护河道，254 处风貌保护街坊。

根据 2017 年上海市中心城区 50 年以上历史建筑普查结果，上海外环内现存 50 年以上的历史建筑约 31 520 栋，建筑面积约 2559 万平方米，包括居住类建筑约 1477 万平方米，其中，各类里弄房屋约 813 万平方米。经初步甄别，约 730 万平方米的各类里弄房屋需要保留保护。

截至 2023 年年底，上海市共有全国重点文物保护单位 40 处，市级文物保护单位 227 处，区级文物保护单位 454 处，文物保护点 2746 处，全部不可移动文物合计 3467 处。

经过 30 多年的努力，上海市形成了点线面相结合的历史文化风貌保护对象体系，并初步建立了分级保护制度、保护机构和保护模式。在修缮、加建、移位、插建和复建，风貌保护，历史建筑的更新、再生和利用等方面进行探索性试验，形成了基本符合上海历史建筑特点和现实的建筑文化遗产保护机制和方法。同时也建立了文物管理、规划管理和房屋管理等政府部门与科研、教学和设计单位的全面配合与协作机制[9]。

不可持续的增量旧改模式

多年来，快速推进的旧区改造，在民生改善和促进经济发展两方面都发挥了巨大的作用，直接促进了上海的基础设施建设，二级旧里以下地区居住条件得到明显改善。20 世纪 90 年代以来，上海大规模推进的旧区改造，让 116 万户家庭搬入功能齐全、配套完善的新居，其中居住于二级旧里以下旧住房的居民约 80 万户，涉及旧房面积 2000 多万平方米。城镇人均居住面积从 1990 年的 6.6 平方米提高到 2017 年的 36.7 平方米，增加了 4.6 倍。城市居民住宅成套率达到 97.3%，中心城区居住条件有了极大提高。

大规模、高效率、以"大拆大建"为主要方式的旧区改造，事实上是一种增量发展主导再开发（redevelopment）方式[10]。根据《上海年鉴》中历年来的官方统计数据，从 1995 年至 2017 年，23 年间合计竣工房屋建筑总面积 108 893.36 万平方米，拆除建筑面积 11 588.62 万平方米，新增建筑总量达 97 304.74 万平方米。虽说土地批租的旧改方式促进了基础设施建设，但土地资源已经无法继续承受这样快速高强度的消耗。上海的土地资源相当有限，以黄浦区为例，在与南市区、卢湾区合并之后，全区面积也只有 20.52 平方千米，其中陆域面积 18.71 平方千米，按照市政府批准历史文化风貌保护规划，有 4 处历史文化风貌区位于黄浦区，总占地面积 5.81 平方千米，占全区陆域面积的 31.1%。经过 20

8　张松：《全球城市历史风貌保护制度的主要特征辨析——兼论上海风貌保护条例修订的核心问题》，《上海城市规划》2017 年第 6 期，第 8-14 页。

9　郑时龄：《上海的建筑文化遗产保护及其反思》，《建筑遗产》2016 年第 1 期，第 10-23 页。

10　张松：《转型发展格局中的城市复兴规划探讨》，《上海城市规划》2013 年第 1 期，第 5-12 页。

1

1995—2014 年上海市房
屋竣工面积和拆迁量统计
（自绘）

2

1995—2014 年间各年度
上海市新增建筑总量统计
（自绘）

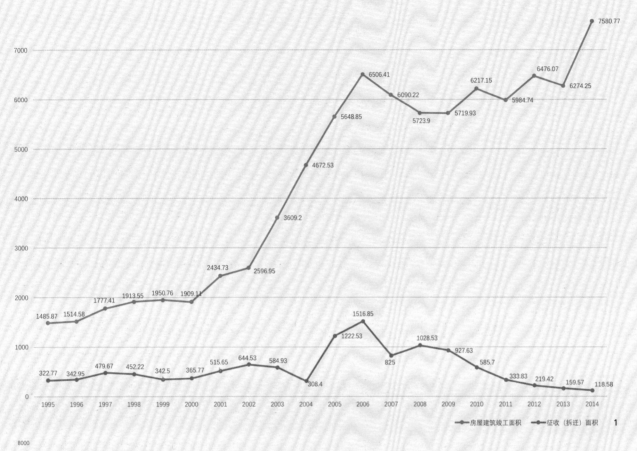

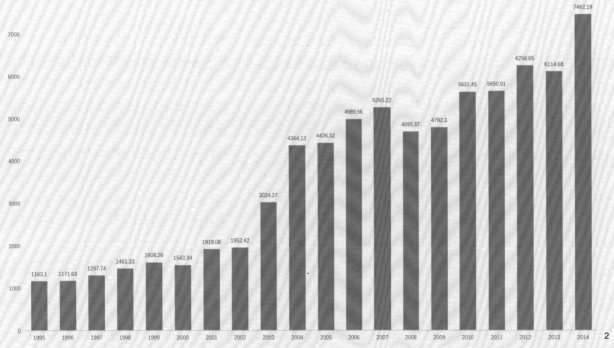

34

多年的拆迁改造后，黄浦区已没有多少土地可以进行再开发了。（图1、图2）

历史风貌和传统肌理的巨大变化

从上述简要的回顾中可以看出，在旧区改造过程中，保护与改造是同时推进的，但改造的目标更明确、具体，配套政策和措施更到位。而历史保护范围面积和保护试点的建筑量，与旧改范围和拆迁量相比却是相当有限。旧改从未间断和停顿，而历史保护一直是间断性和以小范围试点的方式开展的。在对待旧区只有拆迁改造一种模式和拆迁成本不断增加的局面下，上海的历史风貌保护举步维艰、无法破局。不仅如此，"大拆大建"的旧改方式导致了作为城市最基本公共空间的街道的大量消失，传统城市形态的街巷被改造成宽大的交通干道，尺度宜人的街巷肌理被彻底改为现代主义非人性的机械空间。显然，如果不针对旧区改造的方式进行根本性改革，呼唤了多年的城市转型发展、创新发展和可持续发展恐怕难以真正实现。

深层次社会问题亟待高度重视

从城市整体环境考察，旧区改造中的"大拆大建"方式，在一定程度上导致了发展过程中"不平衡、不协调、不可持续"现象的加剧，自然也无法从根本上治愈"城市病"。单从人均或户均居住面积等数字来看住房问题，城市居民的住房条件是得到了很大程度的改善。但是，原来住在旧城区的居民基本被动迁到偏远地段的做法，加剧了城市社会阶层的隔离（segregation）。此外，在拆迁地段新建的多为一般工薪阶层无法负担的高档住宅楼盘。由于土地征收是一个通过国家行政权力强制性剥夺土地所有权的过程，只有在为了公共利益的前提下才能进行。而目前法律中界定的公共利益又具有不确定性，既有利益内容的不确定性，又有受益对象的不确定性。在这样的情形之下，极有可能出现以公共利益名义进行的不符合公共利益的征地拆迁行为。

历史风貌保护与城市有机更新的协同推进

从旧区改造到有机更新的观念转变

在西方城市停止城市更新30多年后，中国的大都市对城市更新又产生了浓厚的兴趣。现在说的城市更新，更多是指城市复兴（urban revitalization）、城市再生（urban regeneration），并不是那种推倒重来的大改造。无论城市更新还是城市复兴，都意味着从此告别"大拆大建"旧改模式。中国科学院院士、同济大学教授郑时龄先生在上海的主流媒体上指出："上海靠大规模建设城市空间的时代已经结束，城市的发展不再追求宏大叙事和大手笔，……而是切实塑造人们的生活空间，能让人们在这里欣赏并愉快地停留，激发人们的创意，让人们更热爱生活，热爱我们的城市。"[11]

同济大学伍江教授认为："告别旧城改造，走向城市更新"，就是"要走向人性化的城市，走向活力化的城市，走向更可持续的城市，走向文化遗产的城市，走向更加公平公正的城市"。[12]在上海，今后要推进和实施的城市更新计划，自然不应是重蹈过去旧区改造"推倒重来"的覆辙，也不能沿袭"大拆大建"的旧路，而是"在本市建成区内开展持续改善城市空间形态和功能的活动"（《上海市城市更新条例》第二条）。

2016年，中共中央、国务院发布《关于进一步加强城市规划建设管理工作的若干意见》，提出："有序实施城市修补和有机更新，解决老城区环境品质下降、空间秩序混乱、历史文化遗产损毁等问题，……恢复老城区功能和活力。"[13]从城市织补到城市更新，从城市设计到社区参与，这些规划设计师并不陌生的词汇和概念第一次被写入中央文件。不言而喻，在以建设用地"零增长"为前提的上海中心城区，亟须探索一条由保护引领的旧区复苏的新路径：以改善民生、环境优先和永续发展为基本取向，

11　郑时龄：《城市更新是理想、艺术与价值的体现》，《上海城市规划》2015年第5期，第1页。
12　谢建军：《告别旧城改造，走向城市更新——同济大学副校长伍江教授访谈》，《公共艺术》2016年第1期，第77-81页。
13　中共中央、国务院：《关于进一步加强城市规划建设管理工作的若干意见》，2016年2月6日。

全面提升建成区的环境品质，努力让城市遗产与城市的其他部分有机整合，保持生活空间的丰富性和多样性。

城市更新与风貌保护的整合推进

近年来，上海市规划、土地和建设管理等部门力推城市更新的实施，2015年5月15日市政府出台《上海市城市更新实施办法》，确定了一些鼓励措施，如"允许用地性质的兼容与转换，鼓励公共性设施合理复合集约设置"，"城市更新的风貌保护项目，参照旧区改造的相关规定，享受房屋征收、财税扶持等优惠政策"。

2017年2月，上海市委领导班子实地调研上海市历史建筑风貌区保护工作指出，要以城市更新的全新理念推进旧区改造工作，牢牢把握好两条原则。第一，要从"拆改留并举，以拆为主"，转换到"留改拆并举，以保留保护为主"。第二，在更加注重保留保护的过程中，要创新工作方法，努力改善旧区居民的居住条件。要抓紧研究出台针对性的政策措施，实实在在落实最严格的历史建筑和历史建筑风貌区保护要求，保护好上海的历史文脉和文化记忆[14]。显然，未来需要通过城市更新破解旧区改造中存在的二元结构问题。

在过去多年的旧改工作中，相关部门也一直在强调把历史文脉保护放到突出位置，统筹好"风貌保护、文化传承"与"优化城市空间、提升城市品质、完善城市功能、激发内在活力"之间的关系。然而，在实际操作中，由于政策、资金等不配套，保护与改造的二元对立和矛盾凸显。"上海2035"总体规划确立了建设卓越全球城市的未来发展目标，实施"创新之城、人文之城、生态之城"三项主要任务需要协同推进。其中，历史风貌保护和城市有机更新需要更全面综合的政策措施、资金投入和技术手段支持，才有可能在城市更新进程中积极有效地推进历史风貌保护。必须整合城市更新和历史保护的措施手段，实现既有历史文化内涵，又能满足现代生活需求，整体提升旧城区环境品质的城市有机更新目标。这是因为，在历史城区或建成区，只有通过持续的发展和适当的改变，才能实现一定程度的现代化生活条件，从而实现高品质城市建成环境的维护管理。

存量规划应以保持城市活力为目标

由于土地资源的过度过快消耗，近年来上海市在规划策略上提出了建设用地"负增长"的底线约束目标，也就是进入了所谓"存量规划"时代。人们需要追问的是，存量规划是基于土地（建设用地），还是基于既有建筑和建成环境而创设的制度框架？还是只是一个新的概念？新的存量规划必须认识到土地的多重价值，土地的资源、资产及资本属性，应在新的策略和机制中实现平衡。有人生活其中的建成环境再也不能被简单地当作商品来开发对待了。

存量规划就是社区发展规划、城市更新规划和风貌保护管理。新时代的城市更新应当强调关注社会、经济和环境的有机联系，走向真正的可持续发展；存量规划应当注重自下而上的思维方式和实践摸索，注重城市功能和物质空间包容性。存量规划应当通过政策措施解决增长瓶颈、促进产业转型并增加就业机会；改善和提升社区环境品质，使之对居民、投资者和游客更具吸引力，促进实体商业的繁荣；通过社区发展规划，激发本地居民热情和潜力，使每个人都能够参与到影响自己社区环境的行为中，实现提高人们居住满意度和幸福感的内涵发展目标，积极创建体现空间正义和平等的和谐社区。

全面提升建成环境品质需要科学行动

2021年9月，中共中央办公厅、国务院办公厅印发《关于在城乡建设中加强历史文化保护传承的意见》，要求各地"完善制度机制政策、统筹保护利用传承，做到空间全覆盖、要素全囊括，既要保护单体建筑，也要保护街巷街区、城镇格局，还要保护好历史地段、自然景观、人文环境和非物质文化遗产"，保护利用应当"坚持价值导向、应保尽保"的原则，即"以历史文化价值为导向，按照真实性、完整性的保护要求，适应活态遗产特点"[15]。

此前，住房和城乡建设部在同年8月

14 《始终心有国家大局，服从服务国家大局》，《文汇报》，2017年2月8日。
15 中共中央办公厅、国务院办公厅：《关于在城乡建设中加强历史文化保护传承的意见》，2021年9月3日。

30 日发布《关于在实施城市更新行动中防止大拆大建问题的通知》，文件指出："实施城市更新行动要顺应城市发展规律，尊重人民群众意愿，以内涵集约、绿色低碳发展为路径，转变城市开发建设方式，坚持'留改拆'并举、以保留利用提升为主，加强修缮改造，补齐城市短板，注重提升功能，增强城市活力。"

未来，上海的历史风貌保护与城市更新行动，应当继续贯彻落实习近平总书记反复强调的"历史文化遗产是不可再生、不可替代的宝贵资源，要始终把保护放在第一位"的重要指示。实施城市更新行动，是推动解决城市发展中的突出问题和短板、提升人民群众幸福感安全感的重大举措。推动城市结构调整优化，提升城市建成环境品质，提高城市精细化管理水平，让市民的日常生活更便利、更舒适、更美好。

历史风貌保护不仅针对历史建筑等物质环境，还涉及人的活动与日常生活细节。也就是说，历史风貌保护不仅要维护城市空间视觉特征，还应重视物质景观背后承载的社会文化意义。历史风貌保护的视野也不只是局限在历史文化风貌区，而应当是让历史风貌区与城市的其他部分更好地整合在一起，全面提升城市的建成环境品质。

在过去较长一段时间的旧区改造过程中，许多历史地区被拆除重建了，虽然部分新建项目能够通过良好的设计、施工质量保证自身的品质，但是这种做法带来的历史城区整体价值的损失却是难以估量的。因此，存量规划不应只是考虑既有土地的有效使用，更要考虑存量建筑物及建成环境的可持续管理，包括优秀历史建筑的保护修缮和合理利用，老旧住宅更新和环境整治，工业遗产的适应性再利用（adaptive reuse），廉租房和可负担住宅（affordable housing）建设与历史风貌保护、城市更新的有机结合，以及滨水岸线等建成环境遗产地区的全面复兴，等等。

上海市"十四五"规划为未来上海描绘了一幅美丽的画卷："上海将以更加瑰丽、伟岸、多彩的身姿昂首屹立于世界东方，成为我国社会主义现代化国家版图中最具国际范、中国风、江南韵的城市标杆。"[16] 城市魅力并不应该完全是全新打造形成的，由城市的历史积淀、文脉肌理和生活细节所形成的景观风貌才是真正的城市魅力所在。上海城市建成环境规划、建设和管理，无论是更新改造，还是保护改善，都应当更加关注城市物质环境空间和非物质的生活文化的多样性、包容性，注重城市环境应变（responsive）能力的提升。相应地，需要更加关注城市更新实践的文化导向、社会公平和空间公正，积极推进城市更新规划、实施和维护管理全过程的市民参与。

16　上海市人民政府：《上海市国民经济和社会发展第十四个五年规划和二〇三五年远景目标纲要》，上海人民出版社，2021。
附加说明：本文数据由上海市文物局于二〇二四年三月核实。

第一章

The Conservation Practice of Historic Buildings in Shanghai from the Perspective of Urban Acupuncture

城市针灸模式下的 上海历史建筑保护实践 40

The Conservation Practice of Historic Buildings in Shanghai from the Perspective of Urban Acupuncture

城市针灸模式下的 上海历史建筑保护实践

沈晓明　SHEN Xiaoming

上海明悦建筑设计事务所总建筑师，上海市建筑学会城市更新专业委员会副主任委员

城市针灸术

什么是城市针灸术？"城市针灸"理论由西班牙建筑师和城市研究专家曼努埃尔·德·索拉·莫拉勒斯（Manuel de Sola Morales）于 1982 年在巴塞罗那城市更新实践中提出，是一种催化式的、以小尺度改造为主的城市更新模式。它通过在特定的区域范围内以"点式切入"的方式来进行小规模的改造，从而触发其周边环境的变化，最终起到激发城市活力、改变城市面貌、更新城市的目的[1]。

"城市针灸术"，由于较好地体现了历史建筑保护的真实性原则、完整性原则、最小干预原则，正越来越多地被运用到近年上海城市的历史保护和街区更新中。小到一个优秀历史建筑单体的保护修缮，中等尺度的如一个历史街区、一段历史风貌道路的空间和景观整治，大到一个历史文化风貌区或是城市滨水岸线的文化和生活品质的提升，上述城市设计方法均被证实简单有效且破坏性较小。

"城市针灸"下的 上海历史建筑保护

城市穴位——优秀历史建筑

上海众多优秀历史建筑，就是上海城市文化极其重要的"穴位"。它们或是建筑样式、施工工艺和工程技术具有建筑艺术特色和科学研究价值；或是反映上海地域建筑历史文化特点；或是著名建筑师的代表作品；或是在我国产业发展史上具有代表性的作坊、商铺、厂房和仓库；或是具有其他历史文化意义的优秀历史建筑。这些历史建筑的保护修缮与活化利用，对于继承和弘扬上海这座城市的近现代优秀文化、保护并延续城市记忆有着极其重要的意义。经历了 1994—2001 年实验性的保护阶段，上海 2000—2009 年的城市更新与历史风貌保护实践，就是"循经点穴，起步发展"的十年。

与医学的针灸术一样，为上海这些优秀历史建筑进行"详尽检查，仔细分析"，对这些历史建筑进行"分类保护，精准施策"，就是城市针灸模式下对历史建筑保护的基本要求，也是 2000—2009 年上海历

1　Morales M D S. A Matter of Things [M]. Rotterdam: NAI Publishers, 2008.

史建筑保护实践摸索出的主要方法。

历史建筑详尽的勘查报告往往由历史调查、现状调查、专项测绘与检测、价值分析、保护类别和保护要求的建议这五部分内容组成,作为历史建筑"针灸"的基础。根据历史建筑不同的保护类别和价值特点,"建筑针灸"一般采用三种不同的保护策略。

原样保留:指完全保留其原貌,可以进行少量不涉及原貌的结构修缮;可以进行

表面清洁等工作。清洁的过程中,不得损坏其岁月价值,即破坏其历史陈旧感、沧桑感。

原样修复:指对于轻微破坏,只须进行简单的修缮即可。一般针对局部装饰面层或部分建筑构件的局部损伤,也包括结构构件的一般损坏;修复一般尽量采用原有

材料、原有施工工艺,或是专用的修补药剂进行;修复后的效果应呈现历史原物的真实面貌,同时仍应保留其岁月价值,即历史的沧桑感和陈旧感。

原样恢复:指对于原物损坏较严重或局部损坏至缺失,而损害到价值,必须予以重新恢复的情况。恢复一般按历史原样、原工艺,尽量采用与原有材料品质相同或相近的材料进行恢复,以保证恢复部分与整体的和谐;恢复的形式和细部可比历史原貌略简洁,恢复的色彩与历史原貌可略微有差别,恢复的表面肌理、粗细及凹凸的质感可与历史原貌略有不同;恢复应采用可识别的方法,使之与历史原物略有区别;恢复的构件及细部不应做旧,但应尽量与历史原貌的色彩相协调,体现其材质的真实性和艺术感。

用上述方法,对这些优秀历史建筑进行精心的修缮,就如同一点小火花就可以激发一股蔓延的电流,令城市的文化精神为之一振,这就是真正的城市针灸。

修缮设计注重对历史资料的全面收集和对历史构件的现场全面勘察,形成了《历史调查报告》和《现状查勘报告》,结合政府法规要求和国际通行的保护原则确定设计策略,编制了科学完整的《全国重点文物建筑保护修缮方案》,初步形成了历史建筑修缮设计基本程序和方法。历史建筑点穴式的修缮与点穴治病一样,也需要察颜诊脉,因人施诊。

2001年,上海外滩浦发银行大楼(原

汇丰银行大楼)的成功修缮,使封存多年的建筑大厅顶部精美的彩色大理石马赛克图案完美地重见天日,让人们流连忘返,久久

难忘。这座开放的优秀历史建筑,就是市民"走得进、看得见、品得到"的上海历史,和"远东最美"的城市自信。历史的魅力,让人为之惊叹。

2002年,马勒别墅的修缮,让一栋奇异美丽、充满魅力的历史建筑,连同其神秘的花园及唯美变幻的室内空间,同时绽放在世人面前。在这里,你可以体验历史,想象当年的风云际会、世态变迁与人情冷暖。历史的故事,让人为之唏嘘。

2003年,上海音乐厅的平移顶升和扩建修缮,是上海整栋大空间平移保护、修缮如初、功能提升的首个案例,在社会上引起了极大的反响。它是平移工程技术和历史建筑保护的创新结合,点彩法的色彩计算和计算机编程的泰山砖墙分缝技术,以及静压箱出风的空调技术共同成就的"工程奇迹",已成为上海市民共同的历史记忆和永恒经典。

2004年,外滩23号中国银行大楼的

修缮，让上海外滩这座唯一带有中国传统特征的银行建筑室内外都重新恢复了真实的历史面貌。入口处九级台阶的貔貅雕塑恢复，四方攒尖的铜屋顶，室内处处中式纹样的竹节、如意和云纹天花浮雕的修缮等，都展示了建筑的古典优雅和庄重。修缮中采用文博专业的修复工具和工艺，发现并修复正门门楣上"孔子周游列国"石质浮雕是项目首创。

2005 年，上海金城银行的修缮，让中国第一代建筑师庄俊先生的作品恢复了历史的风采。它新古典主义装饰风格的进厅和营业大堂，光滑如丝般的大理石楼梯和

墙裙，装饰精美的天花雕饰，像一曲完美的交响乐。其中，各种机电管线如何才能做到隐蔽，曾经着实难倒一众设计师。在这过程中，历史建筑"保护部位"和"非保护部位"的"两分法"设计方法基本成型，即可以利用历史建筑"非保护部位"的空间布置必要的机电设备，来满足历史建筑"保护部位"的保护要求。历史建筑点穴式的修缮，一样可以用"就近取穴"的方法避开伤处，从旁入手，解决问题。

2006 年，上海圣三一堂的修缮，让上海外滩这座建于 1866 年、由建筑师 George Gilbert Scott 设计的杰出作品，同时也是上海早期最大最华丽的基督教堂恢复了历史的辉煌。教堂室内大空间中历史

插层的拆除和东北侧钟楼尖顶的恢复，是工程中的难点。上海宗教建筑艺术的多元丰富、精美恢弘，在圣三一堂的尖券柱廊、尖券屋架、尖券廊窗，以及高敞明亮的大厅中可窥一斑。在圣三一堂的华丽大厅中，当一束阳光突然洒下，身处其中的人就像被一根针的能量震动到，真的能在那一刻体会到：没有什么比历史建筑更能展示城市的文化和身份。

2007 年，在上海海关孔良先生的帮助下，上海丁贵堂宅完成修缮。这座承载了中国海关百年记忆的历史建筑，室外又现花园宽阔，绿草如茵；室内柚木楼梯、绳柱门框，与几何形的门扇、窗帘盒和壁炉，仍然别具特色。这座西班牙风格的建筑优雅地坐落在树荫云影之中，如同曾经的主人一样，看云淡风轻，历世事变迁。在罗小未先生的指导下，丁贵堂宅北侧新建的汾阳花园酒店也一并落成，它 45°偏转的总体布局与丁贵堂宅的主立面相平行；中高侧跌的体型消解了庞大的体量；立面中央宽敞深凹的阳台进一步虚化了视觉的压力；顶部的盾饰、层层变化的窗子、历史风格的精致细节，与丁贵堂宅的原有整体建筑环境浑然一体，相映成趣。设计的过程只有像点穴一样，细心地考量病象病藏、病理医理，确定施针的种类、方位、数量和力度，才能精准有效地对建筑"施针"。

2008—2009 年，上海市明确提出，将上海建业里项目、思南公馆项目、外滩源项目作为历史建筑保护整治的试点项目。上海历史建筑的保护实践开始专注集中成片的历史建筑，其建筑样式、空间格局和街区景观能较完整地体现上海某一历史时期地域文化特点的地区内局部街坊的整体保护和更新。这些项目所在位置都是城市核心的关键区域，建业里项目注重肌理保护、修建结合；思南公馆项目注重空间梳理、建修相宜；外滩源项目注重界面保留、原真

保护。三个项目各有特点，至今对成片的保护项目都有着重要的参考意义。

城市经络——历史风貌街坊和历史风貌道路

上海的众多历史风貌街坊和历史风貌道路，是上海城市文化极其重要的经络，也是上海百年城市变化的记忆。上海的过去，是水城、乡村、街道、城市公共空间和历史里弄建筑的海洋，这些历史风貌道路和历史风貌街坊就是上海历史的根。它们留下了"树、船、河"——上海开端的最初记忆，也留下了"渔村、县城、通商大埠、东南壮县"的历史印记，还留下了"利船犯境、北市兴起、上海开埠、市政新姿、航运发达、贸易兴盛、金融先行、工业奠基、飞跃发展"的城市传奇[2]。这些经络的复兴和发展，对于继承和弘扬上海这座城市的近现代优秀文化、保护并延续城市记忆有着极其重要的意义。

城市第一界面

在城市中，最重要的经络是由连续的历史建筑构成的城市第一界面。这些城市第一界面，是指沿城市主要道路、主要河流或是大型公园边界的建筑连续界面。它们构成了人们对城市的主要印象，一般也是城市特征性的标志景观[3]。城市针灸，应特别注意保护这一界面上单体建筑的建筑

特点、历史尺度、空间肌理；应特别注意保护它们连续的天际线轮廓；应特别注意保护界面上的建筑韵律；应特别注意保护与建筑一道形成城市景观的连续的高大乔木；还应精心把握连续界面上路面铺装、城市路灯、路标、广告牌、垃圾箱、各式构筑物的尺度、形式、材质和色彩。位于城市第一界面上的历史建筑是城市的典型名片，它们的外貌是历史的，利用是时尚的；它们使室外的自然环境，与内在的时尚生活实现真正的融合。在对这一类建筑的利用中，应特别关注其整体及首层的开放性、公益性和文化性。

地标性的历史建筑

在城市经络的针灸中，应特别关注具有地标形象的历史建筑。应按原样修复或恢复其外立面整体形象，特别是屋顶部分的天际线轮廓、重要标志物和造型特征，从而在城市总体中恢复重要的城市历史天际线，以达到恢复人们心理地标的目的。同时应特别关注屋面部分的开放性、公益性和文化性，以实现历史风貌的社会利益最大化。

节点性的历史建筑

在城市经络的针灸中，还应特别关注在城市道路和边界上重要节点的历史建筑。一般而言，这些处于城市道路交叉口，

或是边界显著位置的历史建筑，构成了人们对历史街区的第一印象，它们是人们体验城市街区的入口，也是人们重要的城市记忆节点。因此在城市更新中，应按原样修复或恢复其外立面整体的规模、细部和艺术特点；应按城市总体设计的要求，严格谨慎地布置泛光照明、商店店招，所有这些附加元素应与近代文物建筑相适宜，同时又应与城市总体的风格相协调。这些节点性的历史建筑既简洁谦逊，又独具可识别的艺术特征，晕染出城市的历史风貌底色。

城市第二界面

城市第二界面，是指城市街区中公共广场或是中心绿地四周由历史建筑构成的连续界面，也是重要的城市经络。这些连续界面中包括历史建筑的外立面、广场、绿地、店招、标志牌、路灯等构成元素，是社会生活最富有活力和生机的部分，城市居民日常和频繁的体验大部分来自城市第二界面，它是体现城市生活品位的重要区域。

在城市经络的针灸中，应关注这一界面的商业规模，除非其本身被定义为商业区，否则生活街区内的商业规模不宜过大，只满足服务社区生活的规模即可；服务旅游的公建配套设施应设立在生活街区和多元化传统街区之外；同时，广场、绿地庭院的尺度应与环境中高大乔木的位置、数量和布局相适宜。基于此，才能保留这一界

2　熊月之，周武. 上海：一座现代化都市的编年史 [M]. 上海：上海书店出版社，2007.
3　凯文·林奇. 城市意象 [M]. 方益萍，何晓军，译. 北京：华夏出版社，2011.

面历史建筑的特征和空间感，并使之成为街区时尚生活中真正积极的文化元素。在城市第二界面中，同样应关注历史建筑利用中的底层开放性、公益性和文化性，与城市第一界面形成连续一致的风貌特征，达成整体社会利益最大化。

城市第三界面

城市第三界面是指巷弄内的建筑立面和院墙，以及庭院绿化所构成的界面，属于次要的城市经络。这一界面是构成空间肌理的重要内容。对于该界面上的历史建筑，应重点对其沿街巷立面进行必要的按原样保留、按原样修复或按原样恢复，以真实完整地展现历史建筑的历史原状，从而为该街巷提供一个历史建筑景观节点。

在城市第三界面历史建筑的外立面利用中，可允许沿街巷的次要立面进行改动乃至重建，其立面改动或重建的建筑高度、肌理、虚实、退让等相关设计控制要素应在街巷整体调查统计的基础上予以确定。

首先，在建筑高度上，应低于街巷中起主要空间地标作用的历史建筑，其建筑高度、层数应取本街区内沿街巷所有非地标性历史建筑的平均高度和平均层数。其次，界面上的立面肌理、开窗面积的比例和韵律，建筑立面的退让、出挑、跨越、骑楼等做法，应参考本街区内沿街巷非地标性历史建筑的基本形式和比例尺度进行控制；外立面风格可以采用简洁的形式，其外立面材质可优先采用当地自然的材料，以

反映一种地域的特色和现代的风貌。最后，界面中改动的历史建筑次要立面的风格应既与街巷历史风貌相协调，又能与街巷其他历史建筑明显区分。值得关注的是，处于传统商业区和城市更新区外这一界面的历史建筑，功能上不应过多地商业化，应维持其原有的历史功能，尽量留住原住民，保留传统生活方式。

2010年，上海外滩源的修缮，是风貌街坊成片保护的样板。项目全部达成预期的设计目标：整体上恢复历史建筑群的历史风貌；外立面真实地保存并保护了所有外观特征元素，并使之以真实的色彩、质感、沧桑感展现出来，同时对外立面的缺损及破坏予以适当修补和改造；室内部分，保存了历史建筑最有价值的精华部分，包括保存原有的历史建筑材料、状态和工艺技术；保护原有结构体系，同时允许对历史建筑的一般室内空间采用新材料和简约的形式进行插入性、再生性的现代功能改造。实践证明，"城市针灸"抓住关键的"三个城市界面"，以及"历史肌理""历史场景""历史空间""历史面貌""时尚未来"五个主要方面，为上海历史街区和历史街道的城市经络疏通、优秀历史建筑的城市穴位活化提供了切实可行的方法论和精准高效的技术工具，在未来的城市更新中期待更多的实践验证。

他山之石，可以攻玉

城市针灸术作为西方城市学者和建筑师针对城市病症提出的发展方案，具有丰富内涵并且外延开放，有着相当多样的诠释和理解。在我国上海地区的实践过程中，针对独有的优秀历史建筑、风貌保护街坊、风貌保护道路等城市风貌保护体系，进行城市针灸术的研究，以小规模的介入、分层级的推进、整体化的组织，正实现着上海历史街区和历史建筑的复兴。

7

01

Renovation of Historic Buildings
and Improvement of
Surrounding Environment

历史建筑的修缮与
周边环境提升

修缮是指对建筑物结构、装饰和设备，以及环境风貌的维护修理，恢复其建筑风貌、使用功能和结构安全的工程行为，包括为保护需要而对建筑的结构、功能进行必要的改善。修缮是老建筑最基本的保护手段。

对于国家级、市级、区级文物保护单位和上海市一、二类优秀历史建筑而言，修缮是目前必需且唯一的保护方式；对于上海市三、四类优秀历史建筑而言，修缮也是其他更新措施的前提。

但是修缮并不代表墨守成规。一方面，修缮作为一种技术，在不断对老建筑业已失传的工艺进行研究，试图恢复老建筑往日的风采；另一方面，修缮本身的理念随着历史建筑价值的改变而改变，其正当性也不断接受时间与社会发展的考验。历史建筑的修缮观念已经从单体修缮拓展到了对周边环境整体提升的新维度，在这新维度上，历史建筑保护更新可以解决城市不同区域间的空间割裂问题，在政治或地理因素形成的交界面上建立新的联系，拓展空间并激活区域的边缘活力。同时，保护更新能构建有机生长的空间结构，营造不同层次、递进的可持续发展路径及公共活动，有助于形成连续、有机的城市形态。

下文案例充分体现了如何通过历史建筑的修缮和改造，极大地改善周边环境，同时有效带动周边社区发展，实现地区复兴，产生了广泛的辐射力和影响力。

建于1938年的吴同文宅是上海首座设有电梯的私人花园住宅，以其遍布外表面的绿色面砖闻名，人称"绿房子"。
这是颜料大王吴同文与旅沪著名外籍建筑师拉斯洛·邬达克精诚合作的结果，是1949年之前上海最为著名的现代风格住宅。
除了符合现代建筑特征的流线型建筑形式、大面积弧形飘窗、平屋顶、钢筋混凝土结构之外，
奠定其风貌的还有绿色的面砖。2009—2014年的修缮工程对吴同文宅外立面的陶艺砖进行深入研究，
再现了"绿房子"往日的风貌。

Former Residence of Wu Tongwen

原吴同文宅

现代住宅

装饰艺术

可识别性

可逆性

最小干预

陶艺砖

现在名称／上海市城市规划设计研究院"规划师之家"
曾用名称／吴同文住宅、绿房子
建筑地址／上海市静安区铜仁路333号
建成年代／1938年
原建筑师／拉斯洛·邬达克
保护类别／上海市第二批优秀历史建筑（1994年），二类保护
修缮时间／2009—2014年
设计单位／上海现代建筑设计（集团）有限公司

吴同文宅整体鸟瞰　章勇／摄

现代主义和装饰艺术的复合：邬达克的封山之作

吴同文宅位于上海铜仁路 333 号，是一座四层钢筋混凝土框架结构住宅，建于 1935—1938 年，是著名旅沪匈牙利裔建筑师拉斯洛·邬达克在上海的封山之作，也是沪上难得一见的 1949 年之前的现代风格住宅，以其外表面丰富的绿色釉面砖装饰闻名，人称"绿房子"。

1927 年，颜料巨贾贝润生将当时的哈同路和爱文义路转角的一块地皮购下，取两条路名中蕴含的"同""文"两字，送给自己的乘龙快婿、同为颜料商的吴同文。1932 年，吴同文预见到战争将不可避免地发生，全身心地投入到军绿色颜料的研制中，一举致富，从此将绿色视为其幸运色。发家致富之后，1935 年，吴同文聘请邬达克，开始在哈同路的地皮上经营自己的豪宅，以绿色瓷砖为建筑的主要装饰面材。

另一方面，邬达克已经在上海独立经营建筑设计事务所约十年，毕业于匈牙利皇家建筑学院的他熟稔学院派设计，又与时俱进地与欧洲现代建筑保持着良好的接触。此时，邬达克已从早期的古典设计手法转变为使用钢、玻璃、混凝土框架结构的现代派建筑风格，与上海上流社会渴望站在国际前沿的品味需求不谋而合。吴同文宅就是这样一件复合的艺术品。

建筑对基地的最大化利用，体现了现代建筑注重实用的特点。基地位于 T 字形路口的拐角处，占地 2000 多平方米，轮廓极不规则，但却要安置两房太太和五个子女。东北角为车行道的转弯半径所限制，西首边界紧邻宏仁里主弄，南面贴着中华书局，花园东南角被铜仁路 307、309 号占据，略显局促。有鉴于此，邬达克将建筑做到四层高，既满足实际功能的需求，也和在这个转角上同样由他设计的爱文公寓体量相当，形成对峙的街道景观。西南方向上通高四层的圆形阳光房既为街角赋予了标志性，又因其略有后退和使用玻璃而不致形成压力。面向道路的建筑北部高而封闭，面向南面花园的部分则通过层层退台打开，疏密有致。建筑风格则是对欧洲现代主义以及上海钟爱的装饰艺术风格的融合。

首层架空车道将南部的公共活动和北部的家庭活动分开，混凝土框架结构使得朝南的房间得以大规模开窗，开窗形式暗示了内部功能，这些均有着勒·柯布西耶提出的"新建筑五点"的特征，建筑南立面甚至与柯布的加歇别墅有着一定相似性。而同时，弧线形的主楼梯、室外花园楼梯，以及露台和屋顶的曲线形式都流露出表现主义的影响痕迹。

邬达克还在室内墙面、楼梯扶手和围墙上设计了具有装饰艺术风格的图案，有着强烈的个人表达特色。加上具有业主吴同文特色的绿色面砖，吴同文宅成为当时上海乃至整个远东地区独具一格的现代风格住宅。

1
修缮后吴同文宅主楼梯
〔上海市历史建筑保护事务中心／提供〕

2
吴同文宅餐厅历史照片
〔上海现代建筑设计集团档案室／提供〕

3

修缮后的玄关处
〔上海市历史建筑保护事务中
心／提供〕

4

中式祖堂历史照片
〔上海现代建筑设计集团档案
室／提供〕

5

南立面历史照片
〔上海现代建筑设计集团档案
室／提供〕

6

南立面实景照片
〔上海市历史建筑保护事务中
心／提供〕

7

吴同文宅南立面
〔邹勋／摄〕

8

吴同文宅整体鸟瞰
〔席子／摄〕

7

2

最小干预原则下的
陶艺砖精研修复

　　吴同文宅随着吴氏豪门兴，也随着吴氏豪门衰。在吴氏人去楼空以后，绿房子几易其手，1979 年起归上海市城市规划设计研究院（简称"上规院"）使用，中间又历经上规院新楼建成迁出、绿房子向外界商务租赁等曲折故事，至 2008 年收回时，房子已面目全非：花园环境损坏、立面多处搭建、各层功能改变。此外，由于常年使用不维护，部分结构出现了损坏，老旧的设备设施也不敷使用。2009 年，修缮工程正式启动。

　　修缮首先建立在"恢复建筑历史原貌"的真实性原则之上，对于各个时期的加建予以全部拆除，按照历史图纸，恢复建筑和花园的原貌。对门窗框、楼梯、电梯、壁炉等建筑构件以及地板、墙面、天花等室内外表面的修复采取可识别性原则，即使用与原先材料在颜色、质地方面相似的新材料进行补缀，但又与原材料有所区分。这一点在绿色面砖的研制上体现得最为突出。

　　绿色面砖是吴同文宅的标志，覆盖在建筑的外表面，包括北京西路和铜仁路外墙面和南向室外楼梯、阳台等部位，由"泰山砖瓦厂"生产，因其所在的位置不同而有各种规格和型号。修缮团队在吴同文宅上采集了大量样本，对各种泥料和面砖材料配比进行了近三个月的反复试验，最终才确定了原料的精细配比，包含精白泥、普通白泥、地产黄泥和长石粉，并通过精制模具、控制不同烧制温度等手段，研制出了 5~6 种不同色度，用以修复吴同文宅老化程度各异的绿色面砖。这样既保证了修旧如旧，又因为当下所用的材料与原先完全不同而有所区分。

　　考虑到上规院日常办公的需求，室内隔断没有按照原设计复原，而是根据功能布置。室内设计以简洁为原则，新增部分保持素雅，与旧有部分相协调。同时，室内部分采用可逆性构造，能够恢复到原先状态而不对房屋造成损伤。

　　吴同文宅修缮力争做到对老建筑干预的最小化，其使用的可识别性、可逆性原则和手段是对历史建筑修缮理念的一次更新。

图例	修缮措施	处置面积（m²）
	除锈防锈措施	14.09
	加固修补措施	0.87
	修复原貌	9.27
	面砖修复措施	52.09
	清洗防污措施	256.70
	脱盐防水措施	16.12
	加固措施	1.35

12

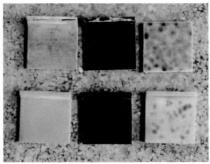

13

14

15

1918年，"棉纱大王"和"面粉大王"荣宗敬购下了一座德国人留下的巴洛克式宅邸，经过多年经营，这座豪宅几经增添和改动，不仅规模气派，内部也极尽奢华。2011年国际时尚品牌普拉达将其租下作为展厅，花费长达6年的时间对荣宅里里外外进行了全面修缮。普拉达作为外资商业公司参与上海优秀历史保护建筑的修缮，在上海乃至全国开创先河，也说明保护历史建筑遗产业已成为城市永续发展的必需。

Former Residence of Rong Zongjing

荣氏老宅

折衷主义风格

外资参与修缮

普拉达

现在名称／Prada荣宅
曾用名称／荣氏花园住宅
建筑地址／上海市静安区陕西北路186号
建成年代／1918年前
原建筑师／陈椿江
保护类别／上海市第四批优秀历史建筑（2005年），一类保护
修缮时间／2011—2017年
设计单位／罗伯特·巴齐奥奇及其团队，上海章明建筑设计事务所（有限合伙）

荣氏老宅整体鸟瞰　上海建筑装饰（集团）有限公司／提供

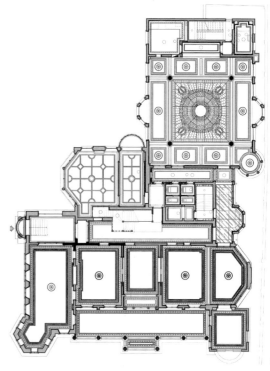

中西混合的
法国古典主义豪宅

　　1918年，上海著名实业家、有着"棉纱大王"和"面粉大王"之称的荣宗敬购下了西摩路（今陕西北路）上一座闹中取静的宅子。这是德国人留下的宅邸，占地4173平方米，覆盖一半场地面积的花园位于南侧，主入口开在西侧的西摩路上。初时只有一栋朝向花园的两层主屋和其背后的辅房，主屋平面对称，坡屋顶，西侧底层有一处向外凸出的阳光房，向花园打开的柱廊和平台构成了极具法国古典主义特征的外立面，柱廊总共采用三种古希腊柱式：爱奥尼柱式、多立克柱式和科林斯柱式。

　　荣宗敬购下这座宅邸之后，因为荣氏一族人口众多，进行了多次添建。首先在主楼和辅房之间增加一座三层塔楼；又打通主楼东侧墙，按照加建的三层塔楼的相同形式对主楼的两层进行改建；之后又将原先西侧的主入口和阳光房拆除，加建一个三层的长方形体量，并在建

筑西南角修建了一座五角形的塔楼，上盖具有异域情调的穹顶。借着这次加建，还拆除了主屋坡屋顶，上方加盖一层，与加建部分统一，东侧的阳光房也向上升高一层，改建为平屋顶。

　　由于荣氏家族在上海的特殊社会地位，荣宅也兼顾宴会厅等具有半公共性质的用途。鉴于老宅的空间分隔并不足以满足这一需求，于是荣宗敬在原先辅房的位置新建一座四层的长方形体量，方形的部分用作对外的舞厅、宴会厅和接客厅等功能，有单独的出入口，旁边的小长方形体量中布置了为其服务的楼梯、厕所等辅助设施，原先加建的三层塔楼底层设置新的主入口，衔接主楼和新楼，原主入口则作为荣氏家族内部成员的主要出入口。荣宅中的装饰方式非常西化，包括精致的嵌木拼板护墙板、彩色玻璃、莲花母题的珐琅瓷砖、镶有绿色和蓝色釉面砖的壁炉、磨砂玻璃灯罩等，但时不时又会发现其中的装饰母题，如凤凰、门口的石狮子等又是中式的。在屡次加建中，荣宅逐渐成为了如今人们看到的复杂的综合体。

6

7

8

9

6 7 8 9

修缮后的荣宅室内主要作为
展览空间

10 11

214、101 房间壁炉修缮后
照片

12

101 房间壁炉修缮后照片
〔本页图均由上海建筑装饰
(集团) 有限公司提供〕

外资企业普拉达
对荣宅的全面修缮

2005 年，荣宅被列为上海市第四批优秀历史建筑，保护类别为一类，建筑的立面、结构体系、平面布局和内部装饰均不得改变。2011年，国际时尚品牌普拉达（Prada）租下荣宅，其董事长兼总设计师穆齐亚·普拉达（Miuccia Prada）本着对建筑的一贯热爱，花重金聘请意大利著名修缮建筑大师罗伯特·巴齐奥奇（Roberto Baciocchi）及其团队对荣宅进行了长达 6 年的修复工作，开启了外资直接参与优秀历史保护建筑修缮的先河，也间接说明历史遗产能够吸引巨额投资，对城市未来的发展发挥着重要作用。

在对结构进行加固以及对基础设施、管道进行必要更新之余，巴齐奥奇团队主要对荣宅中每个房间的地面、墙面与天花板装饰进行了极为精密的修复，且由中方团队和意大利团队分工合作，共同完成：宴会厅顶部的 69 块彩色玻璃顶板的修复采用 20 世纪 40 年代德国生产的教堂彩窗古董玻璃，再以欧洲传统技法对每块面板进行灌浆；对莲花卧室中 1600 多片损坏珐琅砖的修复，通过海量的色彩打样，调配不同的泥料和颜料配比完成。其他修缮内容还包括：吸烟室及楼梯、其他房间木质壁板的清洗与恢复；台球室镀金天花板装饰复原；检查掩盖在后期添加层下的颜色之后，以天然颜料处理过的石灰对墙面涂料色彩进行复原；以脱蜡工艺复刻磨砂制的灯罩，等等。重新修缮后开放的荣宅成为普拉达集团又一张引人注目的文化名片。

普拉达对荣宅的修缮是上海优秀历史建筑修缮的一次国际化尝试，通过中西团队的合作，上海对老建筑的修缮理念和手法已与世界接轨。另一方面，修缮保护与商业发展也不再是敌对状态，老建筑的活化利用反而赋予商业特别的文化色彩，两者相互促进。

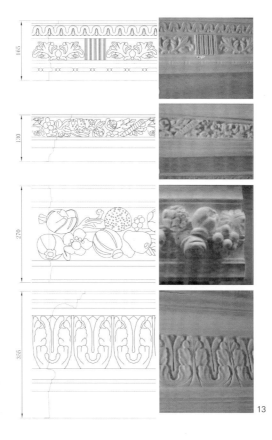

13

14

15

16

13
细部修复大样图

14
罗伯特·巴齐奥奇在修缮玻璃

15
玻璃修缮细节

16
修缮后的卧室彩色玻璃窗

17
穹顶细部大样图

18
修缮后的客厅彩色玻璃天花板

〔图 13~图 16 由上海章明建筑设计事务所提供，图 17、图 18 由上海建筑装饰（集团）有限公司提供〕

17

18

65

20

21

19　20　21

修缮后荣宅室内楼梯、
天花板和门窗的木作细节

22

修缮后荣宅三层阳台细部

23

修缮后荣宅南向二层走廊

24

修缮后荣宅入口处
［本页图均由上海建筑装饰
（集团）有限公司提供］

天平街道66梧桐院·"邻里汇"位于徐汇区乌鲁木齐南路64号，处于上海市衡山路一复兴路历史文化风貌区的中心位置。院内共有3幢建筑：1号楼为徐汇区文物保护点，建于1932年，是由匈牙利建筑师邬达克设计的英式乡村风格花园住宅；2、3号楼为现状建筑。2018年，徐汇区天平街道委托上海明悦建筑设计事务所对64号院内建筑和场地进行改造、修缮。工程遵循文物建筑本体真实性、完整性原则进行修缮，同时对庭院内的现状建筑作了改造，创造了带有休闲用餐、文娱活动、展览讲座等功能的公共空间，实现了保护与再利用的有机结合，使其成为温馨惬意的社区服务和治理平台。

Tianping Road Neighborhood

天平街道『邻里汇』

改造

文物保护

文物资源活化

社区综合体

现在名称／天平街道66梧桐院·"邻里汇"
曾用名称／乌鲁木齐南路64号
建筑地址／上海市徐汇区乌鲁木齐南路64号
建成年代／1932年
原建筑师／拉斯洛·邬达克
保护类别／徐汇区文物保护点
修缮时间／2018—2019年
设计单位／上海明悦建筑设计事务所

天平街道"邻里汇"鸟瞰　章勇／摄

国际礼拜堂牧师住宅

乌鲁木齐南路 64 号坐落于原贝当路（今衡山路）和原巨福路（今乌鲁木齐南路）路口，这里是原法租界的中心区域。这栋花园住宅最早是国际礼拜堂牧师的居所，与国际礼拜堂紧密相邻。

这座礼拜堂建成于 1925 年，由一些美国侨民组织的唱诗班发展而来。随着唱诗班的逐步扩大，成员除美籍侨民外，还吸收各国、各教派的基督徒，以及熟谙英语的中国信徒，遂取名为"协和堂"，取"万邦和谐"之意。1923 年，礼拜堂得到上海美国学校的帮助，购进该校在贝当路的 11 亩土地，并再建新堂。新堂于 1925 年建成，且正式使用"国际礼拜堂"之名。

国际礼拜堂主体建筑为德国仿哥特式教堂建筑，建筑平面呈 L 形，其礼堂可容纳 700 余人。这是上海第一次由不同的教派共同筹建一个教堂，信徒们不分教派、不分国家、共同礼拜。这样的创举，令国际礼拜堂声名鹊起。

1932 年，乌鲁木齐南路 64 号的三层花园住宅紧邻国际礼拜堂建成，由礼拜堂牧师居住。其设计严谨、布局合理，细部装饰和处理恰到好处，体现了其建筑设计师邬达克的个人设计理念和技巧，也是英式乡村风格住宅建筑的典型代表。

沉淀艺术的历史建筑

乌鲁木齐南路 64 号文物建筑曾经作为徐汇区体育局办公场所使用。随着岁月更迭，这栋老洋房越来越不足以维持体育局日常办公之用，后期搭建扩建也对建筑整体风貌破坏巨大。场地内 20 世纪 60 年代建造的"三千院"和东北侧一幢沿街建筑陆续加建至今，结构混乱，立面风貌与历史建筑极不协调。自 2017 年在此办公的徐汇区体育局整体迁出后，属地主管部门就谋划着将这栋文物建筑修缮后，向居民们开放。

1
乌鲁木齐南路主入口
2 3
1 号楼南立面局部
[本页图均由上海明悦建筑设计事务所提供]

作为英式乡村风格住宅的典型代表，乌鲁木齐南路64号文物建筑最明显的形象特征就是山墙上的半露木构架、木构架间的清水红砖墙面及陡峭的红色机制瓦屋顶。本次保护修缮去除了建筑的后期搭建和历史添加物，尽可能地恢复了初建时的历史风貌。通过清洗和修复，恢复了清水红砖墙的原有色调和质感，并最大限度地保留了原有外立面木构件。

为复原被装修几乎全部破坏的建筑室内，修缮中还对邬达克其他同类型作品进行了大量调研，按照原样式、原工艺、原材料恢复地坪、木踢脚线、天花线脚、木门，并和历史原物加以区别。

72

4

1号楼东北角

5

"邻里汇"公共空间
[本页图均由上海明悦建筑
设计事务所提供]

不可移动文物资源活化利用为社区综合体

　　在乌鲁木齐南路 64 号文物建筑的保护修缮和利用设计工作中，设计师认为在还原文物历史风貌、延续历史文脉的前提下，还应当合理植入社区功能，营造真正向公众开放、促进社区文化交流的零距离城市公共空间。

　　2020 年 1 月，老洋房重生亮相，得名 66 梧桐院·"邻里汇"，成为天平街道社区综合服务体，供社区居民免费使用。如今，推开这栋老洋房的大门，就能听见一片欢声笑语。墙上贴着最近一周的社区活动安排。每周二、周四，老戏迷们会专门来这里"打卡"听评弹；阅览室里，书香飘逸；放映室里，老电影唤起了老伙伴们的共同记忆。小楼里还有养老顾问的一站式办事窗口，老年居民的基本需求都能在这里得到满足。经过修缮，这幢 88 岁的文物建筑历久弥新。

　　乌鲁木齐南路 64 号修缮工程将一座设计精美的近代英国乡村风格花园住宅转变成为一个功能完备、空间宜人的社区综合体，一个融合不同宗教信仰、不同文化层次、不同年龄人群的社区共同体。这也是上海文物保护领域首创性地将不可移动文物资源活化利用转变为社区综合服务体。项目通过将文物保护与社区服务模式创新发展相结合，改变了地块功能相对单一、缺乏活力的状况，百姓期盼已久的品质生活、温度社区、归属认同得以实现，文物保护成果也得以惠及更多群众。

6
公共广场
［上海明悦建筑设计
事务所／提供］

徐家汇得名于晚明文渊阁大学士、"中国天主教第一人"徐光启。自其在此著书立说，传播天主教教义，
徐家汇便与天主教、教育和科学结下不解之缘。上海开埠后，天主教耶稣会于1848年在此创办一所神父退养院，
逐渐形成了规模庞大的天主教建筑群。20世纪50年代初，耶稣会退出中国，教会财产收归国有，用作他途。
改革开放后，伴随着徐家汇地区高速的商业建设，这一地区的城市面貌发生了天翻地覆的改变，
引起了有关领导和专家对徐家汇地区历史文化风貌的高度关注。徐家汇天主堂、观象台和大修道院是原先天主教建筑群中的重要组成部分，
2012年，这一记录着中西科技文化交流史的建筑群以"徐家汇源"之名被列为国家4A级景区。
徐家汇天主堂、观象台和大修道院等优秀历史建筑纷纷得以修缮，恢复原本的面貌，并向公众开放，
重新勾勒出这一地区的历史记忆，推动进一步的城市更新。

Xujiahui
Origin

徐家汇源

徐家汇源

天主教耶稣会

点状建筑恢复历史片区记忆

现在名称／上海气象博物馆
曾用名称／徐家汇观象台
建筑地址／上海市徐汇区漕溪北路280号（蒲西路166号）
建成年代／1901年
原建筑师／不详
保护类别／上海市第四批优秀历史建筑（2005年），三类保护
修缮时间／2014—2015年
设计单位／致正建筑工作室

现在名称／徐汇区人民检察院办公楼
曾用名称／徐家汇大修道院
建筑地址／上海市徐汇区南丹路40号
建成年代／1928—1929年
原建筑师／天主教传教士
保护类别／上海市第三批优秀历史建筑（1999年），三类保护
修缮时间／2012—2015年
设计单位／上海明悦建筑设计事务所

徐家汇源整体鸟瞰　章勇／摄

徐家汇的天主教式空间地理

徐家汇地区位于上海中心城区以西,肇嘉浜与法华泾交会处,其诞生可以追溯到晚明文渊阁大学士徐光启。徐光启接受传教士利玛窦、罗如望的劝化,成为上海地区第一位天主教徒,并在徐家汇地区进行科学研究、著书立说,死后也归葬于此。这使得徐家汇始终与天主教、教育、科学相联系。天主教在18世纪经历了诸多挫折,致使江南的传教事业一度陷入困境。然而,随着各个通商口岸的开放,教会等到了在华重建声誉的时机。1848年,耶稣会为了给年老体弱的传教士修建一所退养院,买下了毗连徐家汇的土山湾地区,在那里建起房屋,提供给神父们每年前来休养与歇夏。为了培养年轻的教士,耶稣会也在徐家汇创立了大修道院(1929年完成重建),以教授神学、培育人才。退养院与修道院的建成成为了徐家汇天主教建筑群的起点。

由于开设教育事业积累了较多的信徒,1851年,教会决定正式兴建一座教堂,由设计过董家渡圣方济各主教座堂的范廷佐修士制图,营造了一座希腊式的教堂,奉圣依纳爵为主保圣人。圣堂的创立确立了徐家汇社区发展的独立性,在这之后,这一地区走向了繁荣发展的时期:1864年,教会创办土山湾孤儿院,接管了原先董家渡的孤儿院,同时,为了维护日常运营,通过职业教育向孤儿传播宗教思想,开设了与孤儿院挂钩的工艺工厂,教授他们雕刻、木工、铁工、机械、美术等工艺并进行生产,日后形成了享誉海内外的"土山湾文化";1867年,精通物理学和动植物学的法国传教士韩伯禄创立了上海第一所博物馆——徐家汇博物院,搜罗各

种珍奇异兽的标本和中西方动植物科学的善本,开此地科学研究的先河;1873年,传教士商镐发起建设天文台,这是中国沿海第一座天文台,1901年迁至光启墓东,并扩大规模形成天文学、气象学、地震学和磁气学四部;1867年建崇德女学,1870年圣母院从青浦迁来,1904年建启明女中,天主教教会努力破除旧中国女性不受教育的桎梏。

1904年,徐家汇地区的天主教势力已经从一个退养院发展成为一个集科学研究、教育、传教于一体的完整机构。教会决定新建徐家汇天主堂,这次延聘了建筑师陶特凡设计,采用了法国本土耶稣会建筑采纳的哥特式风格,平面为拉丁十字,正立面上有两座高达57米的钟楼,清水红砖外墙,被誉为"远东第一大教堂"。1910年10月,新堂举办了落成典礼,上海教区的主教座堂由董家渡转移到了这里,达到了其发展顶峰。

历史建筑开放,编织碎片记忆

抗日战争胜利后,耶稣会撤出上海,教会财产亦收归国有,用作他途。主教座堂在中华人民共和国成立后作为独立自主办教会的重要场所,成为上海教区的主教座堂,但在"文革"中遭到一定的破坏,一度被作为上海市果品杂货公司仓库。大修道院于1959年起成为徐汇区人民政府的办公场所,内部空间被重新分隔,主入口处标有大修道院身份的山花也被改换,只有隶属上海市气象局的观象台始终承担着原先的职能,只是随着气象事业的发展,退居二线作为业务用房。

1988年,徐家汇规划为上海的商业中心

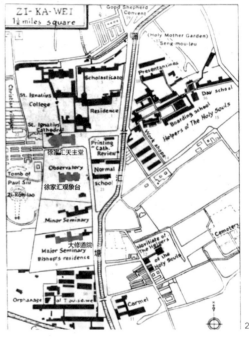

3

4

5

之一，一期工程于 1992 年启动，至 20 世纪末，徐家汇地区已经成为数码产品销售的重要区域，其城市面貌也发生了翻天覆地的变化，早已不再是掩映在田园风光之中的教会社区，而是高楼大厦林立的城市副中心。在经济日益发达的同时，城市记忆也一去不复返。

进入 21 世纪以后，这一地区城市历史的保存日益受到重视，先后有 7 座建筑被列为文物或优秀历史建筑。2012 年，该区域以"徐家汇源"之名成为国家 4A 级旅游景区，此后，几座历史建筑进行修缮，并向公众开放。

考虑到其本身作为城市纪念物的重要意义，徐家汇天主教堂的修缮遵循"修旧如旧"的原则。1982 年，被毁坏的钟楼得以修复。而在 2015 年开始的修缮中，又对教堂清水红砖外墙面进行了全面的修补。首先根据外墙的损伤类型进行清理，去除青苔、霉斑、寄生植物、黑垢、碱垢、人为的油漆涂料等不同类型的污渍，再剥除损毁的面层，进行面层修补与砖缝填缝，最后为了历史建筑的风貌和持续使用，进行做旧和憎水处理，使大教堂尽可能保持原貌。

观象台的修缮利用则建立在对周边环境和建筑本身历史的理解上。在城市层面，拆除了天主堂南侧毗邻建筑，形成教堂侧广场，打通了与观象台所在气象局入口的联系，部分地恢复了早年大教堂和观象台的空间关系。在建筑层面上，由于现有的观象台是多次改造后的结果，在对观象台改造史进行全面调研后，建筑师作出了选择：尽可能地恢复观象台外部的建筑风格特征，尤其是精益求精地根据历史照片复原 1910 年的观象塔顶，使之成为"徐家汇源"的一部分；同时在某些部分中展现不同历史层次的叠加，比如入口处的一面"历史痕迹展示墙",使人们能够看到这座建筑外墙面所经历的变迁,也表达出对历史真实性的尊重;而对于内部已经改动的空间布局,结合未来的展示功能,基本上予以保留,这是出于实用性的考虑。

修缮后的大修道院

大修道院的修缮是一次城市更新深化的实践。自 1959 年起,大修道院就作为徐汇区区政府办公楼使用,其中很大一部分用作司法机构,内部空间分割变更,原先的装饰细部被掩藏。2015 年,大修道院大修,此次修缮力争在详尽整理历史信息、历史照片的基础上还原建筑内部原本的面貌。修缮完毕后,大修道院东侧底层作为展示厅向市民开放,定期举办展览、讲座等公益活动,在展现历史建筑特征的同时,带动周边社区建设。

徐家汇天主教堂、观象台和大修道院的修缮以点状历史建筑的修缮和活化利用为契机,加上徐汇公学、百代唱片公司、老上海站、徐家汇藏书楼、土山湾博物馆、徐光启墓等重要历史名胜,重新编织起已经消失的城市记忆。

6

6
修缮后徐家汇观象台北立面
现状照片
〔上海市历史建筑保护事务
中心／提供〕

7
修缮后徐家汇观象台北立面
细部照片
〔上海都市再生实业有限公司／
提供〕

8

修缮后徐家汇观象台实景鸟瞰
〔上海都市再生实业有限公司／
提供〕

9 10

修缮后徐家汇观象台展陈室内

11

修缮后大修道院走廊

12

修缮后大修道院外立面
〔图9~图12由上海市历史
建筑保护事务中心提供〕

13

修缮后徐家汇观象台北立面
〔上海都市再生实业有限公司／
提供〕

Shanghai Conservatory of Music

上海音乐学院

上海音乐学院汾阳路校区位于徐汇区汾阳路20号。
上海音乐学院的前身是1927年成立的国立音乐院，并于1958年迁入此处，依托原有建筑进行学院办公、教学、专家接待等活动。
2005年、2022年汾阳路校区先后进行了改扩建及整体提升工程。遵循"整体性原则"与"真实性原则"，
工程确保新建建筑满足使用需要的同时与历史建筑和谐共存，并将历史建筑与街区花园有机地结合在一起，
使"上音花园"成为兼具艺术氛围与历史底蕴的城市新风景。

历史风貌恢复

保护再利用

校园开放

空间融合

现用名称／上海音乐学院
曾用名称／上海国立音乐专科学校、上海犹太俱乐部和花园住宅、比利时驻沪领事馆
建筑地址／上海市徐汇区汾阳路20号
建成年代／1905—1936年
原建筑师／倍高洋行
保护类别／上海市第三批优秀历史建筑（1999年），二类保护；
上海市第四批优秀历史建筑（2005年），二类保护
修缮时间／2022—2023年
设计单位／上海明悦建筑设计事务所，
上海章明建筑设计事务所（有限合伙），同济大学建筑设计研究院（集团）有限公司

上海音乐学院汾阳路校区整体鸟瞰　章勇／摄

历史建筑组成的音乐校园

上海音乐学院汾阳路校区紧邻霞飞路（今淮海中路）与汾阳路，位于衡山路—复兴路历史文化风貌保护区的核心地带，该区域是上海花园住宅最为密集、风貌保存最为完整的区域之一。上海音乐学院的前身为创立于1927年的国立音乐院，经多次搬迁后，于1958年迁入汾阳路，依托现有建筑作学院办公、接待之用。

此地有多栋建于20世纪初期、风格多样的独立式花园洋房建筑。如上海市第三批优秀历史建筑淮海中路1131号，以其独特的德式风格以及宛若城堡的造型，被称为"音乐城堡"。不远处的淮海中路1189号是一座建于1936年的红砖英式花园建筑，与其相邻的1190号是一座现代风格的白色小洋楼，采用圆弧形设计，大面积的玻璃窗尽显通透明亮。位于淮海中路1209号的"天赐大宅"为法国文艺复兴风格，是具有上海早期殖民地外廊式建筑特点的大型独立式花园住宅。校园内还有上海市第四批优秀历史建筑——汾阳路20号A栋办公楼和B栋专家楼，曾分别是创立于1932年的上海犹太俱乐部和建于1926年的比利时驻沪领事馆，其自由的风格组合，展现了当时上海建筑多元融合的特点。

2005年，为满足高校发展需求并应对校舍陈旧、建筑面积严重不足的现状，同济大学建筑设计研究院对上海音乐学院汾阳路校区进行了重新规划和改扩建，新增教学楼并对原有历史建筑进行修缮保护，站在尊重历史的角度，使新建筑达成与历史建筑的和谐共处。2022年，上海音乐学院汾阳路校区启动校园开放项目，并对校园进行整体提升。校园的沿街围墙被拆除，重塑为街区花园。校园内的六栋历史建筑也同步启动了保护性修缮，其中沿淮海中路的四栋将转型为艺术会客厅向市民开放。

"原式样、原材料、原工艺"标准下的修缮保护

上海音乐学院汾阳路校区的整体提升项目遵循"整体性原则"，在保护修缮建筑本体的同时保护其所在区域的历史空间布局和历史风貌的完整性；遵循"真实性原则"，通过历史考证，力求最大限度保证历史建筑的原貌原真性。其中淮海中路1131号的保护修缮和利用设计在遵循项目原则的同时，追求实现历史和时尚的交融、自然与舒适的并存、艺术与功能的天成。

根据现场勘察与历史研究，1131号被北侧加建建筑遮挡，在拆除其加建部分、校园水刷石围墙以及两栋新建建筑后，装饰精美的德式风格西立面终于呈现在世人眼前。设计师依历史原状恢复了四层阳台的历史风貌，以及立面上原始的门窗洞口和木百叶窗。建筑东立面上加建的室外楼梯和入口雨棚也被拆除，设计师恢复了其优美的木装饰窗花、铜质披水板、烟囱和尖顶。

作为上海乃至全国现存德式建筑的精品代表，淮海中路1131号外立面形体丰富、元素众多，具有鲜明的德国巴伐利亚乡土风格，如巴洛克式山墙、新古典主义风格希腊样式的凸窗、罗马柱支撑的阳台……这些丰富的立面元素，设计师都按照"原式样、原材料、原工艺"的标准，不断考证、打样，通过对细节的反复描摹绘制，最大限度地恢复其历史原样和历史风貌。

1
淮海中路1131号历史照片
2
汾阳路2号专家楼历史照片
3
位于衡山路—复兴路历史文化风貌保护区核心地带的上海音乐学院
4
淮海中路1131号与公共道路的连通
5
修缮后的淮海中路1131号南立面
[本页图均由上海明悦建筑设计事务所提供]

7

6
修缮后的淮海中路 1131 号
门厅

7
修缮后的淮海中路 1131 号
休息厅
〔本页图均由上海明悦建筑设
计事务所提供〕

8

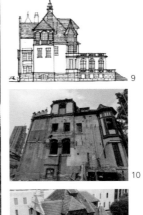

9

10

11

12

13

14

15

18

德国巴伐利亚乡土风格的另一个显著特征是含有大量的木装饰，如山墙木构架、天花木格栅、木排门窗等。在淮海中路 1131 号的修缮中，通过脱漆、烫蜡等工艺，将这些精美的木装饰和木构件的木纹肌理进行了恢复；通过替换糟朽的木构件、补配铜质五金构件等恢复其历史风貌。

此外，淮海中路 1131 号还有 15 扇色彩绚烂的玻璃花窗，其纹样以自然主题的果木花鸟为主。原彩绘玻璃被装饰面覆盖，修缮时为减少对彩绘玻璃的损伤，采用了人工拆除的方式剔除表面装饰层，并在现场进行修复，恢复了其生动精美的原貌。

"上音花园"：
校园开放串起城市音乐之旅

上海音乐学院汾阳路校区历史建筑保护修缮和设计利用在还原历史风貌的同时，另一个目标是植入公共功能，从历史风貌过渡到自然景观，营造连接城市与校园的公共空间。校园围墙与部分建筑拆除后，在淮海中路沿街增植了草坪、花树和花境，恢复历史建筑的花园格局，塑造了历史风貌协调、与城市融合的花园景观。

淮海中路 1131 号将作为音乐大师空间与上音会客厅，直接面向淮海中路开放，并间以别致的景观绿化过渡。直接面向淮海中路的 1189 号被规划为美育楼，以学校创始人蔡元培先生姓名命名的"元培大讲堂"将在此举办，同时还将在此展陈中国近现代珍贵的文献、乐器、近现代书画作品等。相邻的 1199 号小白楼将作为上音对外合作楼，作为校史荣誉陈列室以及校友会、教育发展基金会等组织活动的场地。届时建筑与沿街的"上音花园"相连，形成集美育熏陶、教育合作、艺术时尚、休憩放松于一体的公共空间。

上海音乐学院内优秀历史建筑经修缮后开放，在保留其独特历史风貌并为更多人提供认知体验的同时，更是成为了衡山路—复兴路历史文化风貌保护区内全新的校园活力锚点，在此创造了独特的校园音乐之旅。

02

Cultural Orientation and
Social Benefits of
Major Urban Projects

城市重大工程的
文化导向与社会效益

上海的城市更新在 2000 年底完成了拆除"365 危棚简屋"的预定目标，在土地批租政策的配合实施下也有了相对充足的资金用于城市重大工程，包括一些大型市政工程设施的建设，以使上海在各个方面进一步适应现代化大都市的转型需求。

黄浦区人民公园、人民广场地带作为城市重大工程所在地，经历了多次城市空间演变，其面貌发生了巨大的变迁，也是社会文化导向影响相关区域建筑更新的突出案例：曾经属于公共租界的第三跑马场，早在中华人民共和国成立之初的 20 世纪 50 年代，就被要求转换为新的人民政府所在地和人民群众游行、集会的广场，跑马场被人民大道一切为二，北部为人民公园，南部为人民广场，并沿人民公园的南侧建设上海市人民政府，方便检阅行进在人民大道上的游行队伍。这一格局基本延续到 20 世纪 90 年代初，场地上的跑马总会大楼建筑一度作为上海博物馆和图书馆使用，地块南部的上海音乐厅当时还身处里弄建筑之中。90 年代末，人民广场整体功能提升，成为市中心大型公共服务设施建筑群所在地，上海博物馆、上海城市规划展示馆、上海大剧院等新建筑拔地而起，跑马总会大楼也调整为上海美术馆。上海音乐厅所在地块动拆迁，其本身成为第一例移位保护的老建筑。2015 年前后，配合又一轮城市功能调整，在滨江地带艺术场馆建设的推动下，跑马总会大楼中的上海美术馆迁出，原建筑成为上海市历史博物馆，同时，建筑本身与场地的关系也得到了重视，与原马厩一起构成了城市小广场。

除此之外，外白渡桥修缮也受到了 2007 年前后越江隧道工程建设的影响：当时上海政府考虑到跨苏州河两岸日益增大的车辆交通需求，同时为了不干扰河面景观，在苏州河、黄浦江交汇口处拟建设越江隧道。借此机会，屹立了 70 余年的外白渡桥进行了大修，其往日风采得以恢复。后来外白渡桥一度成为游览上海的知名打卡点，在旅游等诸多相关联方面带来了社会效益。

上海音乐厅前身为建于1930年的南京大戏院，由第一代留学归来的建筑师范文照、赵深设计，为古典折衷式剧院建筑。1989年9月25日被定为上海市文物保护单位。2002年，为配合人民广场地区综合改造工程，结合城市旧区拆除、延中绿地三期规划及地铁8号线大世界站建设，上海音乐厅原地顶升之后向东南平移66.46米，并同时进行扩建，以满足新的使用需求。移位之后的音乐厅位于所在地块的核心位置，新建的南、西立面与原先以古典柱式为装饰的东、北立面形成呼应，成为了人民广场上的标志性和纪念性建筑，与中西混搭风格的大世界和八仙桥青年会隔西藏南路相望。

Shanghai Concert Hall

上海音乐厅

市政工程建设

修旧如故

顶升移位

古典主义风格

公共建筑

现在名称／上海音乐厅
曾用名称／南京大戏院
建筑地址／上海市黄浦区延安东路523号
建成年代／1929—1930年
原建筑师／范文照、赵深
保护类别／上海市第一批优秀历史建筑（1989年），二类保护
首次修缮时间／2002—2004年
文保设计单位／上海章明建筑设计事务所（有限合伙）
二次修缮时间／2019年2月—2020年10月
设计单位／同济大学建筑设计研究院（集团）有限公司

上海音乐厅整体鸟瞰　上海市历史建筑保护事务中心／提供

原设计：古典折衷为表，
现代建造为里

上海音乐厅前身为建于1930年的南京大戏院，在爱多亚路（今延安东路）和麦高包禄路（今龙门路）的转角上切进这个由致密的里弄肌理构成的地块中，面阔不到30米，进深约50米，仅东、北立面临街。

20世纪20—30年代的大上海，经济繁荣，娱乐活动蓬勃，人们对中式戏剧、新式话剧和海外传来的电影都趋之若鹜，催生了一百几十所戏院、剧院和电影院建筑，大部分都能胜任若干演出形式。1929年，怡怡电影股份公司经理何挺然向潮州旅沪同乡会承租，在这块地皮上按照高档电影院的标准建造戏院，戏院同时兼顾股东之一的郎德山家庭马戏班的演出需求。场地条件的苛刻和业主的要求，是两位留学美国宾夕法尼亚大学的第一代中国建筑师范文照、赵深设计思考的出发点。

范、赵两人在美国接受了正统的布扎建筑教育，这种教育方式注重以完形几何形成主次有序的平面，然后以并不严格的古典建筑语言生成立面，强调建筑物的纪念性、城市性。南京大戏院设计建造的时期正值布扎建筑地位日益动摇，装饰艺术（Art Deco）和现代主义风格从西欧逐渐向上海传播渗透的阶段。就在大戏院建成之后3年，邬达克就在跑马场的另一边设计建造了集两种新风格之大成的大光明大戏院。但在当时，受到沿新爱多亚路的北部作为主立面的限制，范、赵两人为了照顾到转角，将主入口体量微微向东扭转，从而扩大主立面

的长度，加强主入口拱券的透视效果，增强建筑的纪念性。平面上以长方形的入口大厅—卵圆形的观众厅—长方形的舞台形成建筑的主轴线，走廊、休息厅、办公室、厕所等服务性空间用以消解轴线偏转以及场地切分后形成的犄角空间。立面采用了古典的"横三段、纵三段"式，延续了基座、主体建筑和檐口的划分，遵循主跨、次跨的序列，虽然仍旧使用古典语言，但却在反映内部功能的变化，比如主入口两层通高的三跨奥尼柱式拱券暗示了背后的大厅，东北立面上底层的帕拉第奥窗揭示了戏院美工的工作场所，东立面正中突然放大的三扇圆拱窗标示了主要休息台的位置。立面上的转变实则指向了建造方式上的变更：南京大戏院以钢筋混凝土框架—排架作为混合结构，是当时上海公共建筑的惯常做法，这也为其在21世纪的华丽转身奠定了结构基础。

历史转型：
顶升移位，结构加固

在城市不断发展的过程中，南京大戏院也经历了一系列的转变。1950年改称北京电影院；1959年，将原先仅用于播放电影、排演马戏的浅舞台小乐池进行改建，成为上海音乐厅；1989年9月25日，公布为上海市文物保护单位。随着延安东路高架在1997年建成通车，上海音乐厅直接暴露在了高架道路之下，无论是音响效果还是建筑结构本身都受到了不小的影响。2002—2004年，为配合人民广场地区综合改造工程，结合城市旧里拆除、延中

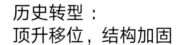

1
施工历史照片
〔姚丽旋／提供〕

2
南京大戏院时期历史照片
〔姚丽旋／提供〕

3
上海音乐厅新旧立面的结合
〔上海章明建筑设计事务所
（有限合伙）／提供〕

4

上海音乐厅南立面

5

上海音乐厅位移图

6

位移限位分布示意图
〔本页图均由上海章明建筑设计
事务所（有限合伙）提供〕

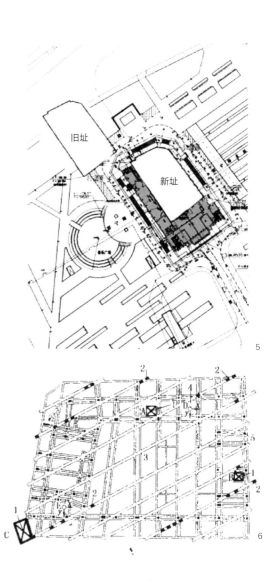

5

6

99

8

9

绿地三期规划及地铁 8 号线大世界站建设，上海音乐厅进行了移位、修缮、扩建工程，其中顶升移位始于 2002 年 8 月 31 日，于 2003 年 7 月 8 日顺利完成，仰赖于建筑原先的框架体系和整体迁移技术的应用，也开启了上海建筑异地保护的先河。上海音乐厅向东南方向平移 66.46 米，与纵轴夹角为 15°，顶升 1.68 米，平移总重量为 5850 吨。移位工程要解决 4 项技术难点：顶升迁移、与新结构的衔接、旧结构加固和音效改善。

顶升迁移：为了保证移动过程中的安全性，施工采用双向夹住建筑内所有柱子，即"上滑梁"，以千斤顶顶住，切割柱子下部后第一次顶升 1.7 米；施工"下滑梁"并采用临时支撑替换千斤顶，将之安装到"下滑梁"上面，底部朝上固定在"上滑梁"上面，并以水平千斤顶顶推"上滑梁"进行平移，到位后第二次顶升 1.8 米，达到设计标高。

与新结构衔接：原有结构切割后留下 350 毫米长的下滑梁与新柱子衔接。为了将旧有的结构柱锚固，新加的柱子横断面在每侧都比原先的放大 150 毫米，两者之间以钢筋拉结。

旧结构加固：由于原先的混凝土实测强度为 8~13 MPa，且使用年限超过 70 年，因此必须予以加固。在两侧走廊设置紧贴原有柱子的混凝土扁柱进行加固，以水平植筋拉结，使得加固后大部分的承重可转移到新加的柱子上，来保证结构的安全。

音效改善：平移会影响混响，而靠近地铁设施则需要隔振。主要措施包括恢复原先的室内饰板，采用硬质装饰面，扩大舞台空间，使用低透声率座椅面料以及安装有 24 只弹簧的浮置地坪等。修缮前混响时间为 1.46 秒，修缮后提高至 1.83 秒。

修缮与扩建：
修旧如故，新旧协调

移位后的上海音乐厅矗立在城市音乐广场的中心，是地块内唯一一栋建筑，其纪念性和标志性意义不言而喻。而原音乐厅本身约 2600 平方米的容量已经远不能满足使用需求，因此在移位异地保护的同时进行了修缮和扩建。

修缮采用了修旧如故的原则，在对老建筑进行考证的基础上以现代工艺恢复其原貌，做到新旧和谐，新旧有别。对老建筑室内墙面与天顶的线条装饰进行修残补缺，填补原有的构图，修复已经损坏的装饰；依原样恢复北入口大堂内的 16 根钢筋混凝土欧式立柱，外表面采用仿大理石纹的石膏，柱头上贴古铜色金箔；地面按照历史资料予以恢复，无资料的采用与整体相协调的花饰和颜色补齐；外墙按照原先毛面砖的深、浅、淡三色向厂家定制面砖，为了保留外表皮的自然风化效果，修缮按照电脑形成的完整外墙拼色图施工，保证外立面整体效果。

扩建工程主要完成了功能调整和建筑纪念性的塑造。音乐厅原先只用于播放电影和表演马戏等对舞台和乐池要求不高的演出形式，虽经过 1959 年的简单改造，但已无法满足如今的专业级别音乐演出需求。扩建首先加深了舞台，增加沉降乐池，在舞台上留出乐器运输升降平台，舞台下有恒温乐器仓库。其次借助扩大休息厅等集散空间的机会适当为观众厅增容，新增 153 个座位。同时，增加了演员化妆及休息室、乐队排练厅、道具房、职工餐厅、办公室等其他服务性用房，以及电梯、货梯、疏散楼梯等交通设施，以达到如今公共建筑的消防规范要求。为了配合音乐厅标志性建筑的新定位，扩建的西、南立面仿照了原先东、北立面的古典主义风格，以花岗岩爱奥尼柱式和圆拱窗为建筑语言，突显其纪念性。

11

12

13

10
上海音乐厅表演正厅
11　12　13
上海音乐厅天花板修复
［图 10～图 12 由许一凡拍摄，
图 13 由凯迪拉克·上海音乐厅提供］

10

13

Shanghai
History Museum

上海市历史博物馆

上海市历史博物馆位于上海市中心的核心地带，前身是跑马总会大楼，建成于1933年，是一座钢筋混凝土框架结构的古典折衷风格建筑。在八十多年的历程中，从带有殖民和华人歧视色彩的西人跑马场，到1949年之后象征人民解放和民族复兴的上海博物馆和上海图书馆，20世纪90年代末伴随人民广场整体改造工程的进行，成为专门的美术馆，再到2015年自身成为展示上海历史层叠的上海市历史博物馆，它的每一次转型都与人民广场市政公共服务设施的转变休戚相关，其本身也是上海城市文化变迁的见证。

市政公共服务设施建设

跑马场

上海美术馆

上海市历史博物馆

现在名称／上海市历史博物馆
曾用名称／跑马总会、上海博物馆、上海图书馆、上海美术馆新馆
建筑地址／上海市黄浦区南京西路325号
建成年代／1933年
原设计师／新马海洋行（英国），余洪记营造厂承建
保护类别／上海市第一批优秀历史建筑（1989年），二类保护
修缮时间／1998—2000年、2015—2018年
设计单位／上海建筑设计研究院有限公司

上海市历史博物馆整体鸟瞰 邹勋／提供

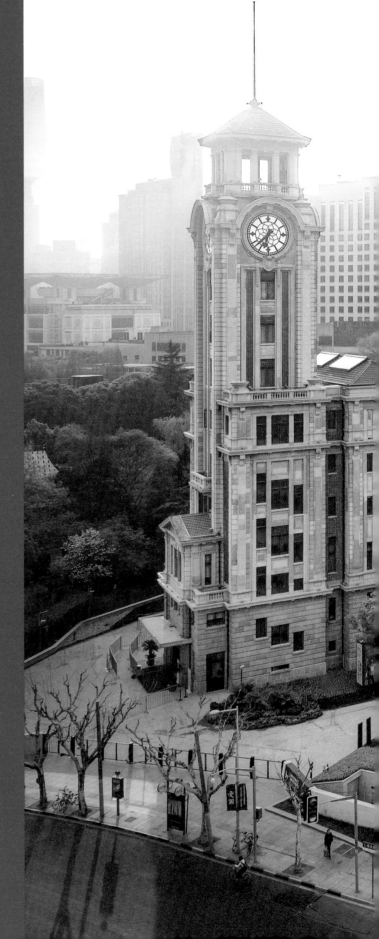

跑马总会大楼：
公共租界扩张的标志

　　1933年，在如今南京西路325号的位置上，跑马总会大楼落成。这座古典折衷风格的建筑以当时先进的钢筋混凝土框架结构建成，是公共租界第三跑马场的标志性建筑。事实上在上海开埠以后，公共租界前后共建设过三个跑马场。1850年，在如今南京东路、山西南路附近成立了第一个跑马场，占地约81亩；1854年，由于地价上涨，原先的跑马场被卖出，在如今西藏中路、芝罘路附近设立了第二个跑马场，占地约171亩；1862年，又如法炮制卖出土地，强行逼迫上海道台应允开设第三跑马场的要求，圈定由泥城浜、静安寺路、芦花荡围合而成的土地，面积达460亩之巨，即今日的人民广场和人民公园。跑马场的每一次西迁都伴随着土地价格的上涨，也反映了公共租界的不断扩张，总会大楼的建成更是有力佐证了这一情况。

　　跑马总会大楼为一座东西向四层建筑，与西侧沿黄陂南路的二层马厩形成一个夹角。底层设有入口大厅、售票处和领奖处等服务性用房，东侧是正对着跑马场的观众看台，一二层之间有一个夹层，内有专为跑马俱乐部会员设置的咖啡厅、游戏室、弹子房、阅览室等活动设施，二楼是俱乐部的大厅，三楼则是供会员观看赛事的包厢，四楼布置有职工宿舍。建筑内部以大理石进行装饰，楼梯处有反映时代工艺的铁艺马头栏杆；外立面基本对称，中部为主入口，两侧设有翼楼，建筑表面以深咖啡色泰山面砖和浅色石材交织砌筑，西立面上有一、二层通高的塔斯干柱式，窗棂、檐口等重点部位也以柱头作为装饰。建筑北部高53.3米的

九层钟楼成为整个跑马场的制高点，也是很长一段时间内人民广场区域的标志。

上海美术馆：
人民广场市政工程的同行者

　　1949年后，上海市军管会接管跑马厅，将其收归国有。为了抹掉殖民印迹，1951年即在跑马场中间开辟宽22余米的人民大道，大道以南为人民广场，以北则开放为人民公园。与此同时，配合跑马场从殖民时代西人销金窟到人民集会场所的改变，跑马总会大楼也改为上海图书馆和上海博物馆。1959年上海博物馆搬迁到河南中路延安东路后，大楼继续用作图书馆，并且在1979年时配合图书馆的阅览功能，将主楼东侧的看台局部拆除，扩建三层，并在顶楼局部加建了一层。这一阶段，跑马大楼的历史意义并未被充分认识，对其改造仅仅是出于后续使用的考虑。

　　1989年，跑马总会大楼被列为上海市文物保护单位，同年又进入第一批上海市优秀历史建筑名单，保护级别为二类。同一时期，随着改革开放的稳步发展，上海市政府对于人民广场的整体规划开始调整。1992年9月14日，人民广场综合改造工程启动，这一改造包括地下空间开发、绿化改造、商业设施和轨道交通站点布置，更重要的则是重大城市公共建筑的规划布局和建设，包括市政大厦（1995年）、上海博物馆（1996年）、上海大剧院（1998年）、上海城市规划展示馆（1999年），其中，大剧院的选址恰好就是原先跑马总会大楼南部的马厩和看台辅楼。跑马总会大楼中的上海图书馆配合功能调整搬迁到了现淮海中路上的新址，由此大楼改建为上海美术馆。在这次改造

1
钟塔历史照片
〔蔡育天／提供〕
2
跑马总会大楼历史照片
〔上海现代建筑设计（集团）
有限公司档案室／提供〕
3
修缮后的跑马总会大楼
〔邹勋／提供〕
4
上海市历史博物馆屋顶花园
〔邹勋／提供〕
5
上海市历史博物馆东楼西立面
〔邹勋／提供〕

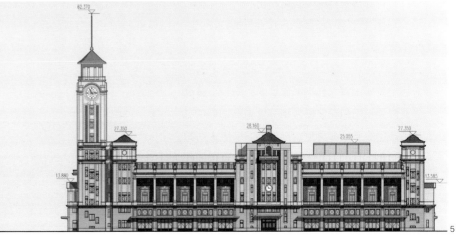

过程中，大楼进行了结构加固和表面修复，并增设地下层，拆除 20 世纪 70 年代图书馆的加建，根据美术馆的功能在东侧扩建了与原建筑等高的 4 层交通核体量，并布置 3.3 米宽大楼梯以沟通各层。值得指出的是，扩建体量的外立面根据历史照片和图纸进行复原，不仅在整体构图上采用了中轴入口和两翼塔楼的格局，且布置了与西立面相同的贯通一二层的塔斯干柱式。在建筑色彩的选用和窗棂、檐口等装饰方面，也做到与老建筑融为一体。这次的改造体现了当时对历史建筑的态度，即还原到最初形式。

人民广场工程的竣工标志着跑马场空间完成了彻底转型，作为美术馆的跑马总会大楼仅仅是大批公共建筑中作为历史背景的一个。跑马总会大楼作为上海美术馆一直持续到了 2012 年，在这十多年间，上海先后建起了许多具有影响力的美术场馆，其中就有具有国际影响力的上海当代艺术博物馆，上海美术馆的影响力日益衰落。与此同时，上海城市建设的重心也已从原先的租界中心，扩展到黄浦江两岸的水岸复兴。

上海市历史博物馆：
上海城市发展的一个侧面

2015 年，跑马总会大楼修缮改建工程再次启动，以上海元代水闸遗址博物馆和上海松泽遗址博物馆两座遗址博物馆为基础，结合上海城市历史和革命历史，形成上海市历史博物馆，试图在一个高标准的市级公共设施和近代历史保护文物之间找到平衡点。结合历史博物馆的定位，这次修缮重点除了遵循原真性、可逆性、最小干预等原则，最重要的是在同一建

筑上展示不同时期的历史断面，挖掘跑马总会大楼的历史建设逻辑。因此在立面上将被覆盖的不同时期痕迹——包括三四楼自动扶梯及大楼旁边的红釉墙面，以及水刷石外墙一一暴露出来，向公众展示。而长期以来被忽略的跑马总会大楼与其西侧两层马厩之间的关系也在这次得到整理，成为一个入口小广场。经历 3 年的修缮整治后，上海市历史博物馆展现了上海城市发展的一个侧面，对建筑功能的关注转移到了对历史建筑本体意义的聚焦上。

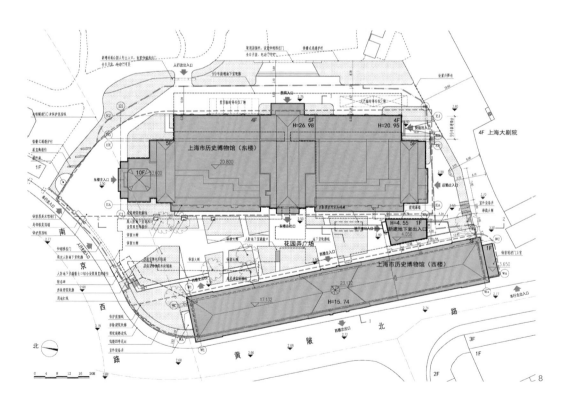

6
上海市历史博物馆序厅

7
上海市历史博物馆综合大厅

8
上海市历史博物馆总平面图

9
上海市历史博物馆内部庭院
〔本页图均由邹勋提供〕

上海市历史博物馆立面照片
［邹勋／提供］

外白渡桥横亘在苏州河与黄浦江的交汇处，由英租界工部局起建于1907年，是国内罕见的近代下承式简支钢桁架桥，与毗邻的外滩万国建筑群一道，成为上海的标志之一。2007年，借由外滩通道工程的启动，外白渡桥的修缮工程在"修旧如旧"的原则下随即展开，上部钢桁架结构采用船移法进行大修，下部桥墩台配合隧道盾构整体重建，在保证桥梁结构安全的前提下，其恢复出历史风貌，并可继续安全通行50年。

Garden Bridge of Shanghai

外白渡桥

市政工程建设

修旧如旧

船移法

盾构穿越

铆接工艺

现在名称／外白渡桥
曾用名称／外白渡桥
建筑地址／上海市黄浦区大名路
建成年代／1907年
原设计师／豪沃思·厄斯金公司（新加坡）
保护类别／上海市第二批优秀历史建筑（1994年），三类保护
修缮时间／2007—2009年
设计单位／上海市政工程设计研究总院

外白渡桥整体鸟瞰　上海市历史建筑保护事务中心／提供

罕见的近代下承式
简支钢桁架桥

在上海黄浦江和苏州河的交汇处，百余年来屹立着一座通透的钢结构桥，将原先公共租界的两边联系在一起，在外滩"万国建筑群"和虹口百老汇大厦之间架起一座鸿桥，这就是著名的外白渡桥。

外白渡桥的建设要追溯到上海甫一开埠之时。当时，苏州河汇入黄浦江的这一豁口上并没有桥梁连接，人员和物资在这 100 余米宽的河面上往来都要靠船来摆渡，随着经济的发展，交通的不便严重阻滞了两岸的交流。英国人韦尔斯率先从中看到了商机，他组建了"苏州河桥梁建筑公司"，于 1856 年在这一苏州河的"头摆渡口"建造了一座木桥，长约 150 米，称"韦尔斯桥"。由于桥离水面的高度无法满足通航要求，桥中间的两块活板会定时吊起以便船只通行。韦尔斯等股东以收取过桥费牟取暴利，激起了民愤。有鉴于此，1873 年，工部局在韦尔斯桥东十多米处再建一座木桥，供人免费通行，华人则因此桥位于头摆渡口外侧，习惯称之为"外摆渡桥"，后演变出"外白渡桥"一说，取"白用""白拿"的意思。又因为此桥靠近公家花园（今黄浦公园），工部局官方将其命名为"花园桥"（Garden Bridge）。韦尔斯桥的收费宣告破产，桥本身也被半卖半送收归工部局所有。此后，工部局在花园桥的原址上开工建设一座新的木桥，不仅区分了车行道和人行道，且桥洞高度也满足通航要求，是为第二代"外白渡桥"，并于次年拆除韦尔斯桥。

随着小汽车在上海逐渐流行起来，木桥的荷载能力越来越受到质疑。另一方面，19 世纪晚期，有轨电车的铺设需求也加速了外白渡

桥的再次升级换代。经过多年的筹措与协商，外白渡桥改造为钢结构桥终于尘埃落定。由新加坡的豪沃思·厄斯金公司承建桥梁钢结构工程，英国克利夫兰桥梁建筑公司负责在英国制作钢构件，帕利和比德公司在现场督造。工程于 1906 年 8 月开工，次年完工，并于 1908 年完成有轨电车铺设通车。第三代外白渡桥为国内罕见的下承式简支钢桁架桥，全长 106.7 米，两孔两跨，设 11 个不等高节间，中间最高处为 9.144 米。桥面总宽 18.4 米，其中车行道 11.2 米，两侧人行道各 3.6 米，荷载 20 吨，通航高度 5.75 米。它采用木桩基础，上承混凝土桥台和混凝土空心板桥墩，其上则是完全铆接的简支钢桁架。

外白渡桥既是一座工程桥梁，又具有很高的艺术价值。建成后，镂空的桥体成为上海外滩一道亮丽的风景线，也是人们记忆中对上海不可或缺的印象，在百余年的服役过程中，承载了上海许多重要的历史事件，它所处的特殊位置暗示了其在城市发展过程中不可替代的地位。

外滩通道工程下的
"修旧如旧"

外白渡桥的历次翻建就是一部市政建设不断更新的历史。在它迎来自己百岁生日之际，借由外滩通道工程的启动，外白渡桥的修缮再次融入这个城市的发展之中。

从中华人民共和国成立后开始，出于安全通行的考虑，外白渡桥经历过多次修缮。1947年，上海市工务局对外白渡桥进行了全面的结构检修，是建桥以来规模最大的一次维护工程。1964 年，基于当时的使用情况，将木桥面和

有轨电车铁轨拆除，改铺沥青。1991年，市政府对钢桁架结构和支撑平台进行大修，更换人行道栏杆、纵边支梁，重新粉刷了防腐漆。但所有这些修缮工事均以桥梁通行安全为出发点，并没有意识到外白渡桥是城市形象的重要组成部分。

1994年，外白渡桥被列为上海市第二批优秀历史保护建筑。同一时期，在桥上安装了泛光系统，每到夜晚，这座钢筋铁骨的老桥就放射出五彩的光芒，其所处的特殊位置和景观效果得到了充分的认可。2007年，以"修旧如旧"为原则的外白渡桥修缮工程启动，维护其历史风貌成为了重要的参照标准，在此基础上，工程进一步推动了苏州河口的道路交通建设。

整个工程基本分为两部分：其一是恢复上部钢桁架的整体风貌，同时进行加固；其二是配合外滩隧道盾构建设将下部结构拆除重建，并保证最低水位线以上部分维持原有风貌。

为了更彻底地对上部钢桁架进行修缮，在对老桥进行了详细的测绘之后，采用船移法，借助涨潮提供的浮力，将两榀桁架吊运至驳船上，再运往民生路码头，放置在修桥场地的胎架之上，进行检修。具体检测内容包括锈蚀、铆钉连接、变形、铆钉孔探伤、焊缝缺陷等方面。外白渡桥建造时所用的钢板脆性较大，不适合焊接，因此决定拆除历年维修中焊接的部分，在原结构钢材与原结构钢材之间、原结构钢材与新钢材之间均采用铆接，按照最初的工艺进行修复，只在损害较大、完全替换为新钢材的部分采用焊接，并置不同时代的工艺。除了按原风貌加固结构之外，此次修缮恢复了原先的扶手和木质人行道桥面，以及平联与主桁竖腹杆之间的弧形托架设计，清洗并重新涂装了与之前一致的面漆。

同时，在外白渡桥的原址，拆除老的桩基和墩台，以混凝土灌注桩为新的基础，在原墩台的位置，结合下穿盾构的位置，复建混凝土桥墩、桥台，保证外径13.95米的盾构能顺利通过，且荷载不扰动上方桥体的通行安全。预应力桥墩的下部为哑铃形，但最低洪水线以上部分按照测绘图复建，使其不影响外白渡桥的整体风貌。下部结构完工后，盾构穿越苏州河，建成越江隧道，主桥再以船移法归位。

2009年4月10日，历经百余年沧桑的外白渡桥重新建成通车，历时十三个月的修缮改造工程画上圆满句号。

3

5

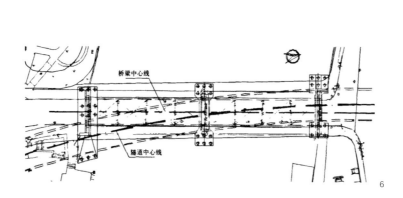

6

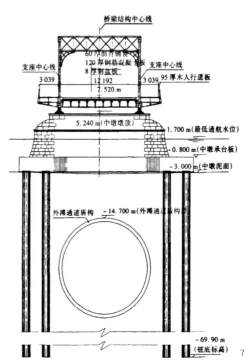

7

117

03

保护理念的价值取向
与创新

Value Orientation and
Innovation of
Conservation Concept

　　城市建成遗产保护的语境中长期存续着有关保护方式与态度的论辩，包括"修旧如旧、整旧如故"、"博物馆式"保存或"原生态"式地保持原有的生活情态与生活方式等理念。在经历了一系列思辨之后，人们开始逐步认识到，城市是一个始终处于发展演变进程中的鲜活生命体，历史保护的目的并不仅是塑造一个象征物以传承过往的形象和风貌，更在于使这些具有历史和文化意义的痕迹成为当下人们真实的日常生活中切实的组成部分，继续以富有生命力的状态运转并参与城市的发展。延承历史记忆与善待当下的城市生活并不矛盾，珍视与回应历史的意义在于更好地面向未来。

　　而在建筑学与城市规划层面，这样的价值认知也逐步在现实活动中得到了践行并持续历经探索与优化，反映为实践理念和做法上的不断调整、创新与突破。具体而言，对"博物馆式"保护、"原生态"保护的反思使人们逐渐认识到，历史建筑更新应建立起符合当代需求的意识，关注与强调其实际使用价值，使历史建筑实现适宜性再利用。这在里弄等原居住建筑更新中成为了调解建筑保护与改善民生两方面诉求矛盾的重要价值基础，有效减轻了风貌保护和提升建筑功能、强化社会公平之间可能存在的对立；对于"修旧如旧"的辩证思考则触发了建筑学相关理论的不断深化。建筑保护从关注某一时间点上固定的历史断面，拓展至尝试更好地尊重建筑在整体时间流逝中的持续变迁和不同时期的痕迹，并对改造实践中"新"与"旧"关系的处理形成了更具包容性的引导，使城市能够更好地在更新中实现"与古为新"和"向史而新"。

　　此外，在风貌保护的对象层面，上海也开始逐步反思既有风貌保护体系，探索保护身份与历史价值的认定，更合理地对待既有建筑保护方式，不断深化对建成遗产的价值所在的思考，从而使历史建筑在城市发展中发挥其本该发挥的显著积极作用。

　　下文的案例较为典型地反映出了上海在历史保护价值取向层面的不断探索及其特征。其中，同济大学文远楼代表性地体现了历史保护中对于使用价值的关注，其通过内外空间的修复和物理设备的优化，较好地实现了历史建筑修缮和当代使用需求的结合，使建筑的实际使用寿命得到了有效延长，从而更为切实地参与和融入城市更加长期的发展中；解放日报社新址中实现了对于建筑不同时期历史的尊重和并置，并将历史保护的理念从重视立面形式拓展到了重视空间结构体系的承续，也同时完成了新旧空间、使用需求和技术手段的整合，使更新后的空间和环境能够有效地连接起过去、当下和未来；绿之丘的改造在优化土地权属垂直划分上进行探索，以实现既有建筑的多维复合利用；华东电力大楼的改造则突出地反映了城市对于无身份重要历史建筑的存废问题的态度，并体现了在风貌控制中如何尽力维持风貌统一和保留历史建筑多元化独特风格与时代特征之间的平衡。

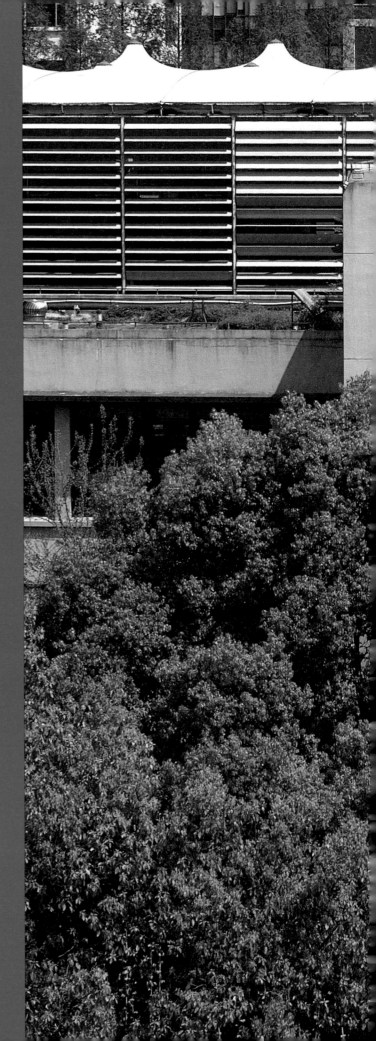

同济大学文远楼由建筑系教师黄毓麟、哈雄文设计，建于1953年。在建造风格、功能排布和结构材料方面受到德国现代建筑的影响，同时在平面布局、比例划分、建筑立面语言等方面反映了设计者深厚的古典教育背景，又因其简化的中国古典装饰而颇具民族特色。文远楼于2005年获选上海市第四批优秀历史建筑，是国内现代建筑进入保护名录的先例之一。之后启动的修缮工程本着整体性和原真性的原则进行修缮，对建筑内部空间加以改造再利用，并开启了在保护建筑内探索生态节能改造的先河。

Wenyuan Building in Tongji University

同济大学文远楼

整体性

原真性

现代建筑

内部空间更新

生态节能改造

现在名称／同济大学文远楼
曾用名称／同济大学文远楼
建筑地址／上海市杨浦区四平路1239号
建成年代／1954年
原建筑师／黄毓麟、哈雄文、俞载道（结构）
保护类别／上海市第四批优秀历史建筑（2005年），二类保护
修缮时间／2005—2007年
设计单位／同济大学建筑设计研究院（集团）有限公司

120

同济大学文远楼　同济大学建筑设计研究院（集团）有限公司／提供

中国的
"包豪斯校舍"

同济大学文远楼位于杨浦区四平路1239号同济大学校园内，是一座三层钢筋混凝土框架结构建筑，建于1953—1954年，由当时的建筑系教师黄毓麟、哈雄文设计。以其类风车形的不对称布局和简洁的平屋顶外形被誉为中国的"包豪斯校舍"，一直以来在国内享有盛誉：1993年获中国建筑学会优秀建筑创作奖，1999年入选"新中国50年上海经典建筑"。

文远楼设计之初，正值中华人民共和国成立初期物资匮乏以及学习苏联、体现民族形式的时代。当时大部分校园建筑皆采用砖混结构、大屋顶，但由于文远楼为测量系工程馆，有着特殊的使用要求，且需要在楼顶摆放测量教学仪器，才定下了钢筋混凝土框架结构和平屋顶的设计原则。两位留美归来的设计者黄毓麟、哈雄文一方面接受了西方古典学院派建筑教育，另一方面又逐渐被德国传来的现代建筑思想所感染。这些背景构成了文远楼设计的复杂性。

哈雄文主持的同济校园扩展规划中，以学院派擅长的主次轴线方式组织学校向北伸展的部分，文远楼被布置在次轴线的南侧尽端，北立面正对广场，南立面朝向一片草坪和斜切的花园小径。正是基于这一场地条件，在先期启动的文远楼建设方案中，黄毓麟同样以不规则对称的方式来处理建筑体量，将与北向建筑完全对称的条状主体和两个伸出翼中面向草地的一翼取消，形成L形，把从广场到草坪的路径作为主轴，L形短边为次轴，在立面上拔高主入口体量，使之在三维空间中形成一种不对称均衡。进一步的体量刻画显示了建筑师的现代思想，条状部分的中段被布置为等大的内廊式教室，两端和伸出的翼部为不同大小的报告厅，根据其功能进行了体量调整，在立面上以不同开窗形式进行表达。然而有趣的是，教室、报告厅、窗洞大小以及不同功能体块在平面和立面上的组织均遵循传统的古典比例。立面建筑语言的刻画也同样流露出这一复杂性：横向长窗与窗间微凸的结构柱勾勒了框架结构的语言，但主入口和报告厅方形套方形的构图、入口檐口线的刻画和贯通三层的结构柱柱头装饰等则反映了学院派古典建筑的设计语言。为了体现民族特色，设计者还在通风口、楼梯扶手、窗间墙、女儿墙转角处等部位使用了简化的中式图案，使得文远楼既有德国包豪斯校舍的简洁，又具中国风韵。

文远楼的设计蕴含丰富的内涵，是中国现代建筑创作中里程碑式的作品。

整体保护，
内部更新

在近七十年的使用中，文远楼不仅使用主体几经变更，内部格局也遭到改变，结构、立面破损，虽不断有室内装修、屋面防漏等修缮改造措施，但建筑品质仍然每况愈下。2005年，文远楼被列入第四批上海市优秀历史保护建筑，同年启动修缮工程，同时进行内部空间更新和生态节能改造。

修缮本着整体性和原真性两大原则，前者指从环境、建筑、室内和结构等各个方面综合考虑修缮工程的展开，对文远楼进行整体性保护，后者指在修缮时恢复文远楼原有形式、色彩与材料质感。由此出发，保留文远楼保护控制范围内的绿地和花木以及南部开敞的景观格

1
文远楼北立面历史照片
2
文远楼南立面现状照片
3
文远楼南入口的柱与檐口
4
文远楼有着古典柱式意味的立面细节
〔本页图均由同济大学建筑设计研究院（集团）有限公司提供〕

局，将历年加建的外部构筑物拆除，恢复原建筑的整体轮廓和观感，采用原先的技艺修复墙面特征和色彩，更换门窗，遵照原门窗的分隔、大小、颜色、材质、开启方式重新布置。室内部分保留原先楼梯和栏杆细部做法，破损部分依照破损程度不同进行修复或更换，保留公共走道水磨石地面，处理入口的地面沉降部分。

最好的修缮是在尊重建筑原貌的基础上延长其使用寿命，本轮修缮的重点之一即是使文远楼适应后续的使用。为此，对其内部功能进行了调整：东端尽头的报告厅作为主要报告厅保留，下方阶梯空间改造为自动化控制用房；中段的教室在一二层仅保留北向的分隔，南向依据建筑系的使用功能拆除隔断，作为开敞式过厅兼作评图使用，三层改为联合国教科文组织亚太地区遗产保护机构办公用房；西端和翼部的几个阶梯教室一层分别改为陶艺工作室、照明实验室和建筑造型实验室，二层保留原阶梯教室功能。所有屋顶部分均改造为屋顶花园。

文远楼修缮工程中的另一项重要举措是，在历史保护建筑中探索当时尚属技术领先的生态节能改造，包括多元通风及冷辐射吊顶、内保温系统、节能窗及 Low-E 玻璃 + 内遮阳系统、地源热泵、屋顶花园、雨水回收、节能照明、楼宇自动控制系统、无障碍设施等十大生态改造措施。

文远楼建设较早，室内无送风回风系统，此次改造将外立面门窗设计为上悬窗，室内增设竖向通风井和机械排风装置，以自然通风和机械通风相结合的方式改善室内环境。中华人民共和国成立初期，因为物质资源较为贫乏，文远楼建设时并未考虑节能保温。由于文远楼为历史保护建筑，考虑到对其风貌的保护，改

造时墙体采用内保温方式，将窗框更换为断热铝型窗框，玻璃更换为 Low-E 玻璃，并在窗户内部设置百叶窗作为遮阳系统，在控制温效的同时也有效营造了宜人的光环境。生态改造中最重要的一项举措是引入地源热泵，这是一种利用恒温地层而使建筑获得用于制冷或制热的能量的方法，可实现低能耗目标。文远楼的地源热泵井位于其南面的草坪中，下挖 80 米，通过管道与整个建筑相连，作为空调机热交换的对象，使运营能耗下降 25%~50%，且不影响建筑外观。

历史建筑往往建造年代较为久远，当时缺少保温节能意识，虽具有丰富的历史价值，持续使用则需要消耗大量的能源。文远楼修缮工程中对生态节能改造的探索对后续历史建筑修缮具有重要意义。

5

文远楼鸟瞰
〔同济大学／提供〕

6

文远楼北立面
〔同济大学建筑设计研究院
（集团）有限公司／提供〕

7 8 9

文远楼走廊、教室、中庭空间
〔同济大学建筑设计研究院
（集团）有限公司／提供〕

124

复旦大学第九宿舍（又称"玖园"）始建于1956年，位于国顺路650弄的复旦大学邯郸路校区南侧。
"玖园"的历史空间格局整体保留至今，由三座四层联排住宅以及三幢花园别墅组成。
其中61号和65号两幢教授别墅分别为苏步青旧居、谈家桢（陈建功）旧居。
两幢建筑空间结构相同，均为独立式砖混结构，整体简洁朴素，带有折衷主义风格特征。
2020年底，复旦大学正式启动了两座旧居的修缮，力求完整还原三位院士的历史生活场所，
构建一个复旦大学历史人文精神的展示空间。两座旧居与陈望道旧居暨《共产党宣言》展示馆相呼应，
构建起"玖园"爱国主义教育建筑群，计划对外开放。

Former Residences of Tan Jiazhen and Su Buqing

苏步青旧居

谈家桢、

整体性

原真性

现代建筑

内部空间更新

现在名称／谈家桢、苏步青旧居
曾用名称／谈家桢（陈建功）旧居、苏步青旧居
建筑地址／上海市杨浦区国顺路650弄65号、61号
建成年代／1956年
原建筑师／上海民用建筑设计院
保护类别／上海市优秀历史建筑（第五批），三类保护
修缮时间／2020—2021年
设计单位／上海明悦建筑设计事务所

谈家桢、苏步青旧居鸟瞰　章勇／摄

"玖园"三院士

20 世纪 50 年代初，随着全国高校大规模的院系调整，一批知名教授齐聚复旦，其中就包括著名数学家陈建功、苏步青，以及中国现代遗传学奠基人谈家桢。1956 年，由中央特批的两栋教授别墅开始动工兴建。两幢住宅建筑形式简洁，装饰朴素，体现了中华人民共和国成立初期"实用、经济、美观"的建设理念。

苏步青入住的是 61 号别墅，直到病逝前，他在此居住了近半个世纪。一楼六十多平方米的大间，苏步青一半用作会客厅，一半作为书房。随着图书资料不断扩充，书橱在几年间已堆砌得像一座城墙，苏老形象地称之为"书城"。"书城"既是苏老研究数学、撰写专著的场所，也是他与其他学者开展学术交流的园地。

65 号则成为陈建功先生的居所。他曾撰写《三角级数论》，对三角函数的研究作出了重大贡献，并与苏步青共同开创"陈苏学派"。在 65 号小楼里，年过花甲的陈建功曾每天不知疲倦地从事着教学与科研工作，培养出许多优秀数学人才，推动了中国现代数学事业的发展。

65 号楼的第二位入住者，是在国际上享有盛誉的遗传学家谈家桢。中华人民共和国成立后，谈家桢在复旦大学建立了中国第一个遗传学专业，创建了第一个遗传学研究所，并组建了第一个生命科学学院。他先后发表了百余篇研究论文和其他学术论著，为中国遗传学的发展作出了重大贡献。

秉承工匠精神
传承历史记忆

苏步青、谈家桢（陈建功）旧居为 20 世纪 50 年代建设的复旦教师宿舍，建筑采用红色平瓦坡式屋顶，黄色水泥拉毛外墙，木质门窗，整体设计简洁朴素。其中颇具艺术价值的是其拱形门廊、室内走廊、带有中式装饰元素的楼梯栏杆扶手和非对称的双坡"人"字形屋面。

1
苏步青旧居东南角
2
修缮后的楼梯间
3
玖园由南向北看
4
志愿者长廊展园
［本页图均由上海明悦建筑设计事务所提供］

在此工作和生活过多年的苏步青、谈家桢和陈建功先生不仅是科学界的泰斗，也以其科学报国、淡泊名利的精神风范影响了几代人。故修缮致力于完整地还原三位院士历史生活场所，构建一个可以展示复旦大学历史人文精神的展示空间，并配合陈望道故居以及苏步青故居的统一规划，筑造复旦大学不朽的精神花园。

谈家桢（陈建功）旧居先后由两位院士短暂居住生活，并在此接见重要客人，培育莘莘学子，故展品内容不仅围绕两人的人文精神，更突出其科学贡献。底层保留主要空间格局，南侧两个房间连通作为一个大展厅，主要展出谈家桢院士在生命科学方面的研究成果以及学科发展历程；二层保持现有的空间格局，三个主要展厅分别展出陈建功、谈家桢的生活和工作场景。

苏步青旧居曾由其本人长期居住，其后人也一直生活于此，直到近些年才迁出，故设计更侧重于再现苏步青在此居住生活的场景，同时突出其教书育人的学术态度，以及为中国数学科学发展所作出的贡献。底层保留现有南侧房间空间格局，根据资料还原苏步青院士的"书城"以及会客厅；二层则保留现有南侧主要房间空间格局，主要展出数学学科在我国的发展历程。

"玖园"爱国主义
教育建筑群

修缮后的两座旧居完整还原建筑面貌，传承苏步青、谈家桢、陈建功三位先生的精神内涵，以"爱国""科学"为主题，与以"信仰"为主题的《共产党宣言》展示馆（陈望道旧居）相呼应，共同构成"玖园"爱国主义教育建筑群，集中展现复旦人传承红色基因、追求真理、科学报国、爱国奋斗的信念信仰和价值追求，成为上海乃至全国开展理想信念和科学人文教育的新地标。

Jiefang
Daily Press

解放日报社

严同春宅位于静安区延安中路816号，是一座中式平面、装饰艺术风格外立面的花园住宅，
解放日报社为满足入驻需求，对其及其相邻扩建部分进行修缮与整体改造。不同于以往修旧如旧、完全遵从历史建筑风貌的保守做法，
严同春宅的修缮改造强调不同历史时期建筑痕迹的呈现、新旧空间和技术手段的并置，
使历史建筑成为城市更新发展的一部分，完成新与旧交织的都市叙事。

叠合的原真

存续的空间

比对的重构

都市叙事

现在名称／解放日报社
曾用名称／严同春宅、上海市仪表电讯工业局
建筑地址／上海市静安区延安中路816号
建成年代／1933年
原建筑师／林瑞骥
保护类别／上海市第二批优秀历史建筑（1994年），三类保护
修缮时间／2014—2015年
设计单位／同济大学建筑设计研究院（集团）有限公司

解放日报社鸟瞰　章勇／摄

"中式为体、西式为用"的严同春宅

严同春宅位于静安区延安中路 816 号,是沙船商人严同春经商致富后,延聘建筑师林瑞骥设计的"中西合璧"式花园住宅:装饰艺术风格立面、钢筋混凝土框架结构的两进四合院。这座宅邸占据基地的中段,平面采用中间厅堂、两侧厢房的布局,东侧是花园,植有花木,筑有水池、曲桥、凉亭、石笋等,这里曾容纳了五代人的家庭生活。

建筑底层沿马路设门房和接待室,第一进大天井两侧厢房为会客室,穿过天井即是客厅、后厅、接待室、会客室等 12 间,第二进有客堂间、次客间、书房和餐厅等 10 间。二层前楼设 12 间,后楼 15 间,三层主要为起居、卧室和休息间,前楼设 12 间,后楼 10 间,所有主要房间均有中西式两套家具陈设。辅楼有会客室、账房和炉子间、汽车间等辅助用房。整座花园住宅共有 71 间房,仅盥洗室等就有 14 间,且通过连廊上下左右皆能连通。

建筑以清水砖为外墙主要面层材料,立面受装饰艺术派风格影响较大,但又有独特的中国传统建筑图案,比如主楼的窗肚和整个建筑上的女儿墙均为传统栏杆图案,梁头上则是宫殿花饰,梁柱间的雀替仿中式木雕,女儿墙柱端仿云纹等。

严同春宅的设计是中国封建社会家庭意识受到西方文化冲击后的产物,对于文化涵化、建筑西风东渐的研究具有重要价值。

"叠合原真、新旧对比"的修缮改造

1949 年后,严同春宅作为上海市仪表电讯工业局办公楼及上海仪电控股(集团)公司总部,建筑整体上未遭到重大破坏。"文革"年代花园内增设了地下人防。1981 年,花园北面的祖堂拆除,扩建了一幢三层办公楼。1998 年拓宽马路建延安路高架时,主屋的第一排房被迫拆除,第二进楼充当了沿街立面。2004 年,上海文新经济发展有限公司购得老宅,想要将之作为解放日报社的办公总部,没想到项目几经周折,反而让老宅因此空置数年,日晒雨淋,杂草丛生。

2014 年,当修缮改造项目再次启动时,这些时间留下的痕迹都得到了尊重与呈现,"原真性"原则不再强调某一个固定历史时刻,而是展现时间的维度。在对原始图纸文档、资料照片和现状进行调研后,决定对于整体状态良好且艺术文化价值较高的主楼立面,以最低限度介入的手段进行修缮设计,对缺失的历史构件或破损的装饰构件以"修旧如旧"的策略恢复其原始状态。较之于相对完整的建筑外部空间,室内空间由于各个时期使用需求的变更而有了较大变动。且由于这一部分原始资料的匮乏,对于原初状态和后期改动情况的分辨工作十分繁复。最终的改造方案基本保留了现状,对曾经改动过的部分未作全面恢复,这也是为了满足新的办公空间的需求。对于改动过的地坪按实际状态分别处理,例如当年拆除延安路一侧的第一进院落后修补的石质台阶和踏步均保持现状,显现历史断面的状态。同样,对于外立面上不同年代修补的陶土砖存在的明显色差,改造并未进行过多修正,而是维持一种叠合式的过程状态。

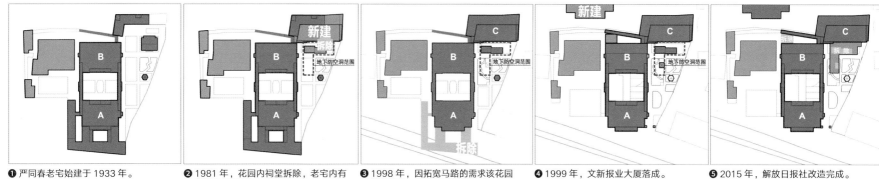

❶ 严同春老宅始建于 1933 年。

❷ 1981 年，花园内祠堂拆除，老宅内有部分加建建筑。

❸ 1998 年，因拓宽马路的需求该花园住宅的第一进部分被拆除。

❹ 1999 年，文新报业大厦落成。

❺ 2015 年，解放日报社改造完成。

5

另一方面，为了满足新的使用功能而改造和扩建的部分也以全新的建筑手法暴露出来，与老建筑构成一种具有张力而和谐的对比。由于报社定位要从传统媒体向新媒体转变，需要增设一些开敞办公区和多功能空间，改造在尊重原先"院廊体系"的基础上，提出恢复严宅的内院格局，将加建放置在 1981 年所建办公楼南部，通过开辟屋顶花园体系，将连廊与庭院结合，构成院廊空间体系，延续原先的空间格局。同时完全使用现代建筑的手法处理加建部分，采用连续的开窗、暴露钢筋混凝土结构等，使之与老建筑拉开差距，体现出不同时期的建筑差异，但又在建筑体量上与老建筑形成一种均衡。

修缮改造后的严同春宅既保留了老建筑的文化内涵，又拥有最前沿的新媒体设备，更新了历史建筑修缮的理念，使历史建筑为城市发展贡献一份力量。

1
庭院修缮前照片
2
庭院修缮后照片
3 4
室内楼梯修缮前后对比
5
严同春宅历年改扩建过程
6
解放日报社一层平面图
〔本页图均由原作设计工作室提供〕

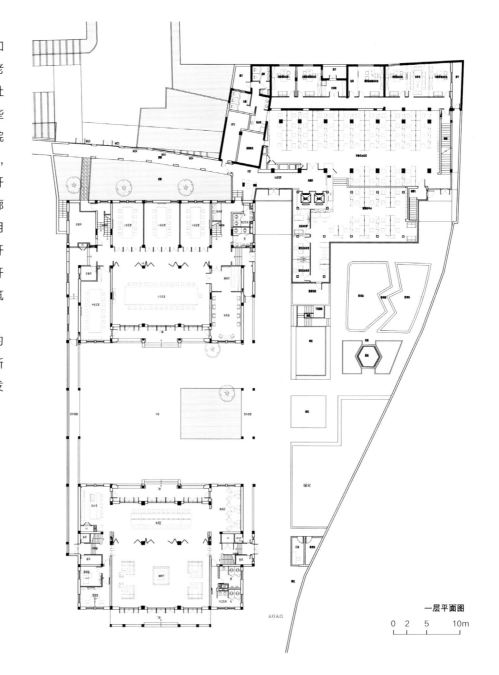

一层平面图

0 2   5   10m

6

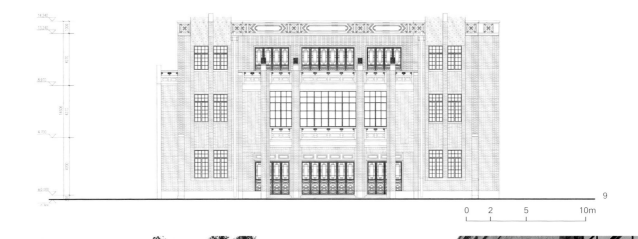

9

0 2   5   10m

绿之丘前身系上海杨浦滨江原烟草公司机修仓库，建造于1996年。六层仓库有着100米长、40米宽、30米高的庞大体量，
位于上海打捞局和原上海化工厂之间约250米长、60米宽的狭长地带。
其外观与20世纪90年代同时期仓库建筑并无二致，方正的瓷砖贴面的矩形体上均布着工业建筑常见的长方形高窗。
烟草仓库是上海滨江复兴中既有建筑转型最特殊的案例。起初，它被拆除的命运似乎难以逆转。
但在上海市委、市政府出台的"黄浦江两岸地区公共空间建设三年行动计划（2015年—2017年）"背景下，
原先密布老工业企业的杨浦滨江地带开始了"生产岸线向生活岸线"的转型之旅。
烟草仓库处于滨水公共空间沿江带状发展和向城市指状渗透的交点，
建筑保留后采取恰当的策略，成为了江岸向城市渗透发展的标志与暗示。

Green Hill

绿之丘

丘陵城市

城市景观基础设施

叠合生长

土地复合使用

城市有机更新

现在名称／绿之丘
曾用名称／上海杨浦滨江原烟草公司机修仓库
建筑地址／上海市杨浦区杨树浦路1500号
建成年代／1996年
原建筑师／不详
保护类别／一般历史建筑
改造时间／2016—2019年
设计单位／同济大学建筑设计研究院（集团）有限公司

绿之丘鸟瞰　章勇／摄

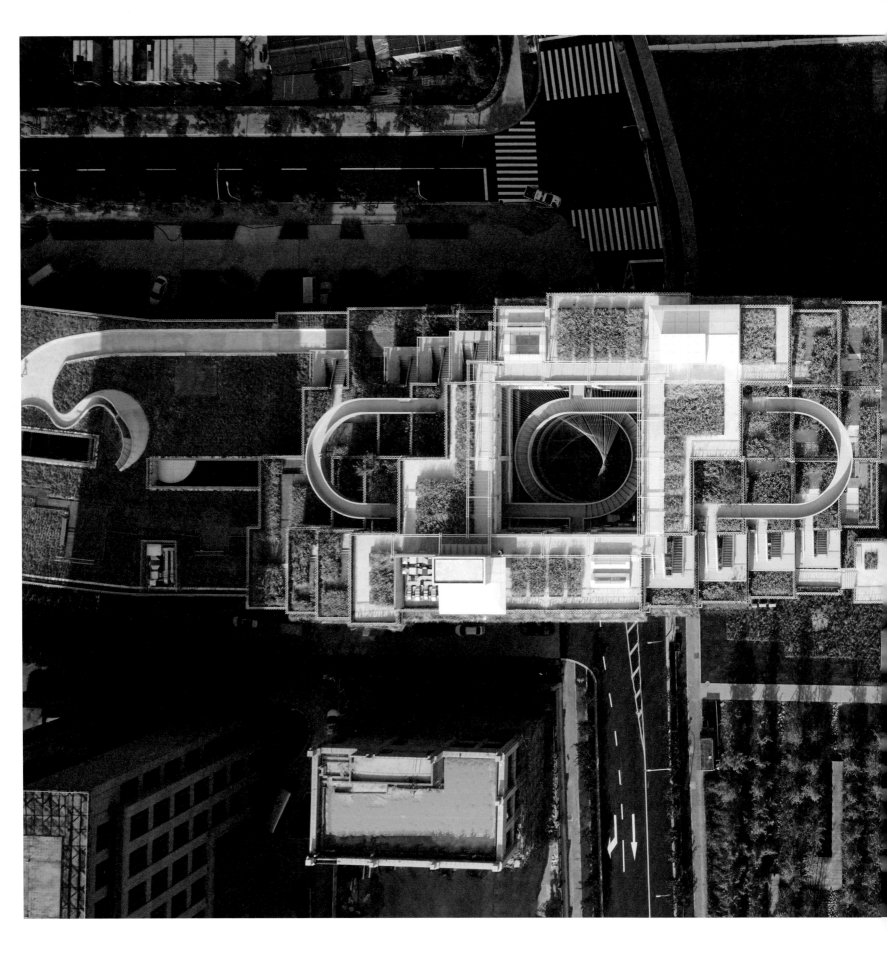

140

1
绿之丘俯瞰
〔章勇／摄〕

城市景观基础设施

2016 年 3 月，杨浦滨江公共空间贯通工程正如火如荼。为了打通滨江景观带，向城市腹地打开滨水岸线，拟拆除位于宁国路码头附近的烟草仓库。这是一座建成时间在 30 年左右，既缺乏工艺价值，也不具备明显建筑特点的六层钢筋混凝土框架板楼。由于有规划道路穿越，加上其自身巨大的南北向体量横亘在城市与江岸之间，严重阻挡了滨江景观视线，这座建筑的拆除似乎毋庸置疑。然而机会也蕴含在障碍之中：通过体量消减，能够将建筑转化为连接城市和江岸的桥梁；城市道路与建筑间看似不可调和的矛盾，可以借用框架结构的特征得以解决。在盘活工业建筑和减量发展的大背景下，经过与城市规划部门和市政建设部门反复协商，决定保留该建筑并进行改造，使之成为一个集市政基础设施、公共绿地和公共配套服务于一体的城市滨江综合体。

为实现滨水空间由生产岸线向生活岸线的转变，杨浦滨江地带的转型规划对整个区域的用地性质和道路结构作了较大调整。原厂区用地大都由政府收储后进行土地使用性质的调整，沿江土地均作为滨水开放空间使用。

细究之下，烟草仓库所具有的发展潜力以及"技术体"的特征，也成为日后改造的潜在性启发。首先，从城市空间角度来看，烟草仓库正好处于滨水公共空间沿江带状发展和向城市指状渗透的交点。如能采取恰当的保留与改造策略，不仅能够成为联系城市腹地与滨江公共空间的桥梁，也能增强滨水空间向城市延伸的空间引导特征。另一方面，在滨水空间功能转变过程中也出现了一些亟待解决的矛盾：因岸线开放而拆除的水上职能部门（公安、消防、

武警）用房需就近安置；市政电网兰杨变电站、公共空间用户站、公共卫生间、道班房、防汛公共空间管理物资库等市政公用设施需要安置建设；5.5 千米长的杨浦滨江南段公共空间需设置综合服务中心。而烟草仓库的地理位置恰好是上述各功能较为理想的布点位置。

叠合生长

叠合生长是原作设计工作室自 2016 年以来参与的四个上海城市中心区项目的共同特征，意味着垂直方向上划分土地使用性质或土地使用权属，是对土地复合利用的实践。但每个项目又同时包含了公共服务设施和市政基础设施城市化、历史建筑保护、公共空间建设等多方面内容，结合土地利用模式的转变挖掘城市空间的潜力，在存量建设中营造更好的城市环境。

为了不影响规划滨江道路的走线，将烟草仓库中间三跨的上下两层打通，取消所有分隔墙，以满足市政道路的净高和净宽建设要求，并借此机会在建筑底层设立公共交通站点，将建筑编织进区域交通网络。为了削弱现状中的六层板楼体量对城市和滨江空间的逼迫感，分别将朝向江岸和城市一侧的建筑进行切角处理，从顶层开始以退台的方式在两个方向上降低压迫感，同时形成一种层层靠近江面和城市腹地的姿态。利用现状中烟草仓库北侧规划绿地延伸城市一侧的退台，形成缓坡，接入城市，在坡上覆土种植，建设公园，在坡下布置停车和其他基础服务设施，让人能够在不知不觉间从城市漫步到江岸。整座建筑的上半部分同样覆盖着绿植，通过悬挑的楼梯与坡地以及江岸连接，使得整个建筑犹如一座巨大的绿桥。其内

2　3
改造前的烟草公司机修仓库和改造后的绿之丘对比照片
4
层层跌落的观景平台
［本页图均由章勇拍摄］

142

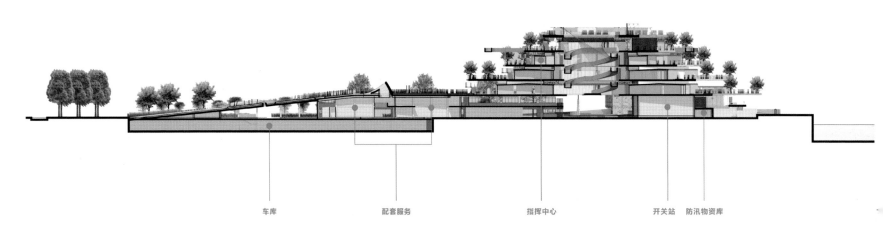

车库　　　　　　　　　配套服务　　　　　　　　　指挥中心　　　　　　开关站　防汛物资库

6

部进行细分，形成"绿丘中的小房子"，用作公共配套服务用房，至此，将城市尺度、建筑尺度和家具尺度统一在一座建筑当中，形成了丰富的空间体验。为了将天光引入内部，一改现状大板楼的幽暗，在建筑的中心、下穿城市道路的上方置入中庭，其中的双螺旋楼梯也起到了沟通各层的作用。整座建筑通过城市道路、坡道、楼梯、中庭等多种交通空间在不同高度、不同方向上与城市和江岸进行连接。改造后的烟草仓库成为"绿之丘"，通过垂直划分道路与公共服务设施用地、布置立体绿化等手段，

打通了城市与滨江的阻隔，实现了一般既有建筑的可持续利用，是对城市减量发展作出的最佳回应之一。

在上海推进存量建设、加强城市精细化管理、转变土地利用模式的大背景下，绿之丘呈现了土地复合利用的积极探索，以土地使用和管理权属垂直分离、市政基础设施建筑化与景观化、既有建筑综合改造等具体手段，将上海近年来推行的存量建设政策落地，成为上海城市有机更新的典范。

8
车行道路穿过绿之丘

9
中庭双螺旋楼梯

10   11
五层钢结构环形游廊
〔本页图均由章勇拍摄〕

华东电力管理局大楼由哈沙德洋行设计，钢筋混凝土结构，外立面以竖向线条为主要装饰，
是上海早期装饰艺术风格的代表。2013年国家电网迁出后，
老大楼和身后建于20世纪80年代末的新楼华东电力大楼产权归属鲁能集团，辟为高端酒店，
开始了长达5年的修缮改造项目，因老大楼位于历史风貌区，从而掀起了对新楼风格改造的广泛而热烈的讨论，
引发了有关"无身份历史建筑"存废问题的关注。两栋大楼的修缮和改造作为上海城市更新的试点项目之一，
是风貌补偿的获益者与先行者，其因为对维持城市历史风貌作出的积极努力获得了面积补偿的奖励。

East China
Electronic Bureau

华东电力管理局大楼

风貌区

无身份优秀历史建筑

风貌补偿

现在名称／艾迪逊酒店、华东电力管理局大楼
曾用名称／老电力大楼
建筑地址／上海市黄浦区南京东路181号、201号
建成年代／1931年、1988年
原建筑师／哈沙德洋行、华东建筑设计研究院有限公司
保护类别／上海市第三批优秀历史建筑（1999年），二类保护
修缮时间／2013—2018年
设计单位／上海明悦建筑设计事务所，华东建筑设计研究院有限公司

华东电力管理局大楼　上海明悦建筑设计事务所／提供

早期装饰艺术风建筑

华东电力管理局大楼位于南京东路181号，距离外滩和南京东路步行街均几步之遥，为一座钢筋混凝土六层建筑，由原美商上海电力公司出资建造、20世纪20—30年代活跃于上海的建筑事务所哈沙德洋行设计。其时，装饰艺术风格刚传入上海，华东电力管理局大楼的设计即采纳了这一强调简洁竖向线条的风格。平面上将设备间、楼梯间等辅助功能集中于一隅，让出两个沿街面作为办公楼，并在南京东路和江西中路的转角位置形成富有纪念性的塔楼，装饰艺术风格的线条更加强了其雕塑感。立面上仍是古典的三段式，底层下部为花岗岩和大理石勒脚，上部以水泥砂浆抹面，中段以褐色泰山面砖覆层，塔楼和压檐墙上则装饰精美的几何图案，形成高耸向上的观感。

"无身份优秀历史建筑"存废的讨论

1949年后，华东电力管理局大楼收归华东电力局所有。随着业务的扩展，原先的6层老楼已不敷使用。20世纪80年代末，另购置老楼身后地块（现南京东路201号），建成26层、125.5米高的华东电力大楼，成为当时外滩天际线新增的显著标志，原先老楼改为管理功能。

2013年，国家电网迁出，两座大楼产权归属鲁能集团，要将其改造为高端酒店，由此开启了该地块的城市更新项目。其由于地处外滩和人民广场历史风貌区，牵扯到上海中心城历史风貌的存续问题，引起了政府、业界和市民的广泛关注。

老大楼的修缮遵循修旧如旧的原则，修复其具有装饰艺术风格的外立面和特色装修，包括底层的入口门头、泰山面砖外墙和塔楼细部装饰。在常年的使用过程中，底层被改为红色大理石门套，失去了原先设计的意图，修缮在凿除原有面层后，发现底层石材和水磨石外立面，通过清洗、修复和加固恢复其原有风貌。针对泰山面砖外墙存在严重色差的问题，先进行现场取样分析，再以四种合适色度的烧制面砖预先配色后填补，使其效果接近自然风化的表面。对于顶部的雕饰，根据历史图纸恢复原有鹰翅状装饰物，对于在现状装饰内部的原有装饰也予以修缮保留。

更为复杂的是华东电力大楼的改造。2014年年底，第二阶段方案征集公布最终选定结果时，由境外事务所NEXT设计的包裹大楼的装饰艺术风格外立面引起了业界的强烈反对，华东电力大楼作为"无身份历史建筑"，本身却具有20世纪80年代的时代特征，是否将其保留激发了广泛的讨论。为此，2015年1月20日，上海市规划和国土资源管理局邀请方案评审专家和相关专业人士召开项目说明会并征询意见，1月30日印发《关于华东电力大楼改造项目规划设计条件的函》[沪规土资风（2015）66]，明确控制改动的尺度，并认可了大楼本身的建筑特点："建议更多考虑既有建筑本身的特征，并最大限度考虑延续和保持城市公共记忆，尤其是特征明显的建筑外轮廓、顶部造型、三角窗、色彩等应予以最大可能保留。"

在这一文件的指导下，建筑师首先完成功能、空间和层高的相互论证，保留21层以上包括塔楼在内的异形体量层高，维持原结构，利用形式的特殊性将其改造为高级套房和餐厅，并与业主和酒店管理方达成一致。紧接着，在

1
华东电力管理局大楼前身汇司公司老照片
〔黄浦区档案局（馆）／提供〕

2
建筑师哈沙德设计的大楼效果图
〔Visual Shanghai／提供〕

3
华东电力管理局大楼修缮后外立面

4
华东电力管理局大楼修缮后餐厅内部
〔右页图片均由上海明悦建筑设计事务所提供〕

5
完成更新后的华东电力管理
局大楼和华东电力大楼
6 7
修缮后的华东电力管理局大
楼沿街立面
［本页图均由上海明悦建筑设
计事务所提供］

5

6

高科技手段的帮助下，证明保留原建筑立面的可实施性，在完整保留外墙的同时为整栋建筑加建内保温，替换高 U 值玻璃，在维持原先建筑外观的同时达到酒店的相关节能要求。改造设计中重要的一环是如何处理老大楼和新楼之间原先的下沉广场。考虑到南京东路沿街的界面，立面部分也延续老大楼的特征，分为建筑基座和二层以上建筑主体两个部分，柱跨模数也与老大楼接近，形成统一的节奏。

裙房建筑外立面为超白玻璃，作为酒店的人堂使用，能够完整地看到老大楼的标志性立面，更好地呈现出新旧关系。更新项目的地上建筑面积增加了 286 平方米，因其致力于保护南京东路界面的延续性而贴道路红线建设，且保持建筑高度不变，专家评审通过了设计方案，将其作为风貌补偿的手段。

在两栋大楼的更新项目中，老建筑的修缮利用，带动了对无身份优秀历史建筑存废问题的思考，使从前较为保守的统一风貌做法发展到保留建筑自身时代特征，体现了对城巾客观建成事实的尊重。另一方面，更新项目虽为商业开发，但在开发中对城市历史文化资源予以尊重，政府也对其进行一定的补偿，以鼓励这一行为的持续发生。随着 2017 年《上海市城市更新规划土地实施细则》的颁布，鼓励发掘开发用地上的历史建筑和保留建筑并予以奖励，将推动有关城市更新的新思考与新理念。

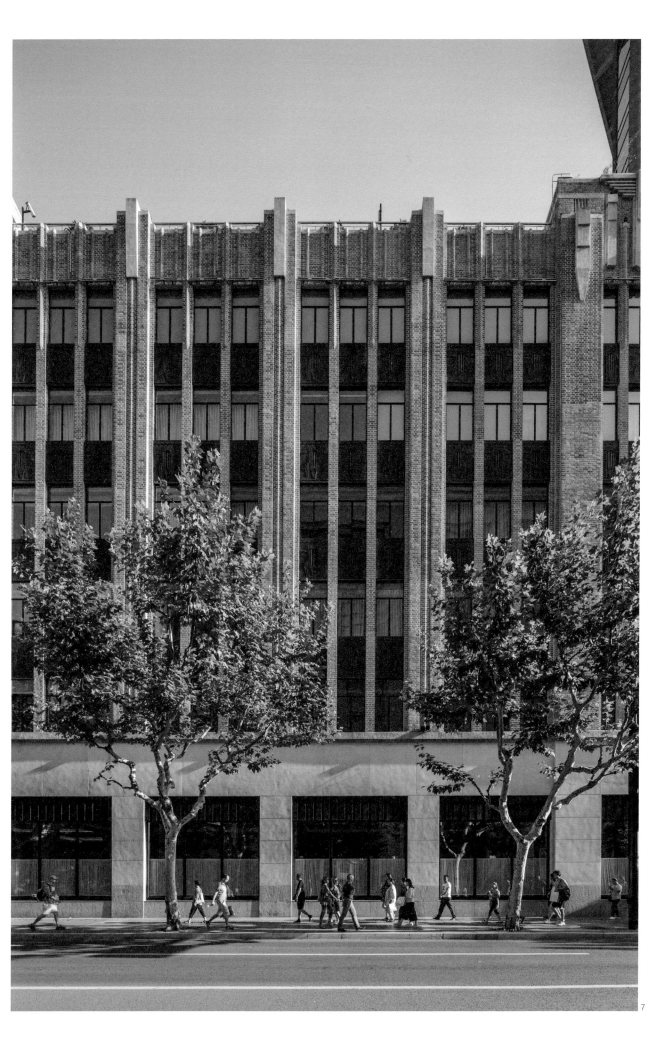

153

第二章

The Iteration and Transformation of Urban Public Space
城市公共空间的迭代与转型 156

04

Adaptive and Innovative Utilization of Industrial Heritage

工业遗产的适应性与创新性应用 164

05

Landscaping and Composite Utilization of Urban Infrastructure

城市基础设施的景观化与复合化利用 180

06

Transformation and Revival of Urban Riverfront

城市滨水岸线的转型与复兴 192

The Iteration and Transformation of Urban Public Space
城市公共空间的迭代与转型

章明　ZHANG Ming

同济大学教授，同济大学建筑设计研究院（集团）有限公司总建筑师

城市更新背景下上海城市公共空间的发展历程

作为承载公共活动的容器，城市公共空间的营造历来受到高度重视。"公共空间"作为一个独立的概念发源于 20 世纪 50 年代西方社会学的"公共领域"，汉娜·阿伦特（Hannah Arendt）在其 1958 年出版的著作《人的境况》（The Human Condition）中将"公共领域"定义为"排除了任何仅仅是维持生命或服务于谋生目的，由于别人的在场而激发的，但却不受其所左右的'行动'"，并认为在"公共领域"中人能够最大限度地表现自己的个性和实现自己的最高本质[1]；进一步地，理查德·桑内特（Richard Sennett）在《公共人的衰落》（The Fall of Public Man）中指出，"公共领域"最明确的表征即是由共同价值观、共同关注的问题和公平自由的意识形成的公共活动[2]。

当全球城市迈入后工业时代，旧城衰落、工业转型、存量土地减少等促使城市更新成为发展建设的主要策略，公共空间的转型与迭代毫无疑问地成为城市更新运动中的核心议题。20 世纪 70 年代末期，针对二战后西方城市的重建热潮和功能主义规划思路带来的城市公共性缺失，公共空间成为城市规划和建筑学科的主要研究对象。简·雅各布斯（Jane Jacobs）、扬·盖尔（Jan Gehl）等西方学者开始探究城市公共空间的营造与社会生活之间的紧密关联，以此作为城市空间的导则，欧洲城市也开展了以公共空间为核心的新一轮城市复兴。

从城市物质环境重建到旧城复兴再到邻里修复、有机更新，西方城市在不断探索中留下了宝贵的经验。相较于西方，中国对城市公共空间的认识和研究起步较晚，由于具有不同政治、经济、文化背景，中国城市更新的道路也有着与众不同的特点。上海作为国内经济发展、城市建设处于领先地位的特大城市，其公共空间更新发展历程具有非常重要的研究意义。上海的城市更新一方面是由国家的宏观政策、战略所主导，另一方面又表现出上海对本土性、在地性更新模式的积极探索。这一历程大致可分为三个阶段，即计划经济时期的 20 世纪 80 年代、改革开放后的 20 世纪 90 年代，以及 21 世纪初至今。在这一过程中，上海经历了从"拆改留"到"留改拆"再到"留改拆并举"的举措转变和从"旧城改造"模式到"城市有机更新"模式的转型，对于城市公共空间的理解从单纯物质条件的改善发展到城市整

1　常青. 历史建筑保护工程学 [M]. 上海：同济大学出版社，2014.
2　翟斌庆，伍美琴. 城市更新理念与中国城市现实 [J]. 城市规划学刊，2009(02).

体环境、日常生活品质的提升，"上海经验"不仅对于上海以后的发展，对于全国其他城市也同样具有学习、借鉴的价值。

计划经济时期的 20 世纪 80 年代

上海的城市更新工作从 20 世纪 80 年代开始真正起步。上海社会经济发展在十一届三中全会后以"调整经济结构和振兴上海经济"为主题，进行恢复性增长，从改革开放前的以工业为单一功能的内向型生产中心城市逐步向多功能的外向型经济中心城市发展。

20 世纪 80 年代的上海城市建设以偿还"历史欠账"为主，以改善中华人民共和国成立以前长期形成的城市布局混乱、基础设施不全、交通拥挤、住房紧缺等问题。按照急需先改、成片改造、改善居住条件、提高环境质量的原则，上海城市更新重心放在旧居住区的综合改造开发和基础设施建设。这一时期，全国仍然处于社会主义计划经济体制内，土地并不是资本概念，不存在国有土地出让和空间经营的情况，对"公共空间"的理解也是基于社会的公有制。城市公共空间的营建主要停留在政府主导建设公共广场、大型公园的范畴，公共空间还未发生功能、形式的迭代与转型，市中心系统性、大规模的更新活动也很难得到有效实施。

改革开放后的 20 世纪 90 年代

进入 20 世纪 90 年代以来，上海的战略地位发生了巨大的变化。1990 年浦东开发，1992 年中共十四大提出了"一个龙头、四个中心"的国家战略，上海进入城市跨越发展的新时期。进入市场经济时期，土地使用权的有偿转让和住房商品化成为最重要的市场力量，外资代表的市场力量和全球化力量得以参与塑造城市空间，解决了长期困扰城市更新的资金短缺问题。1992 年卢湾区斜三地块第一块毛地批租，引进外资参与旧区改造，成为 90 年代城市更新的基本融资制度；90 年代上海基础设施更新建设的规模和强度举世瞩目，地铁一号线、内环高架、南北高架、杨浦大桥等相继动工；商业化更新大范围展开，如淮海路改造成为中心城区核心商业地段成片改造的优秀案例。

可以看出，20 世纪 90 年代的上海城市更新模式是以大拆大建为主导，大量道路、桥梁等市政设施的建造重塑了上海主城区公共空间的骨架，资本的注入使得私有化、商品化的空间大规模复制、生长并成为城市公共空间的主体，商业活动成为城市公共生活的主要构成部分。同时，社会主义市场经济快速确立并发展起来，土地级差地租交易使得地理位置优越的动迁区让位于高能级的功能形态，造成了上百万居民的外迁和转移。在中心城区面貌发生根本变化、城市功能得到提升、生活环境得到显著改善的同时，传统城市肌理被破坏、忽视，那些被成片拆除的旧街坊所承载的社区传统和集体记忆也在快速消失。与此同时，随着城市产业结构调整，城市经济增长由此前的主要依靠第二产业拉动，逐渐转变为"二、三并重"共同推进经济增长的局面。在浦东开发开放和中心城"退二进三"战略的推动下，中心城区向浦东、宝山、闵行地区拓展，郊区工业区建设则带动了郊区城市化的进程；而市区内的第二产业大量外迁，工业厂区逐渐演变成为废弃棕地，但也为新一轮的城市公共空间更新提供了机遇。

21 世纪初至今的新时期

2001 年 5 月，国务院批复同意《上海市城市总体规划（1999 年—2020 年）》，明确了上海建设"四个中心"和现代化国际大都市的战略目标，成为指导新世纪上海城市建设的纲领性文件。这个时期，上海城市经济总量和综合功能持续提升，经济结构不断优化，现代化国际大都市的发展目标初步实现，正向全球城市迈进。

在城市更新方面，随着存量土地减少，建设用地将触及"天花板"，上海已经进入以存量开发为主的"内涵增长"时代。人们已经开始意识到保护性开发的重要性，更新模式从以拆除重建模式为主发展为再开发、整治改善和保护并举。资本优先的商业开发不再是城市更新的唯一选项，公共空间所蕴含的文化性与公共性内涵逐渐被发掘与重视。城市公共空间更新的范围涉及公共建筑、里弄街区、工业遗产、工人新村等多个维度，城市更新项目背后的运行机制也日趋复杂。

2002 年 7 月，《上海市历史文化风貌区和优秀历史建筑保护条例》通过，创造性地确立了对于优秀历史建筑的"统一规划、分类管理、有效保护、合理利用、利用服从保护"的原则；2003 年 11 月，上海市人民政府批复 12 个位于中心城区的历史文化风貌区；中心城区 2000 万平方米的二级旧里改造全面展开，其中涌现出如新天地、田子坊等具有代表性的更新案例。2002 年开始，黄浦江两岸综合开发成为上海市重大城市战略，废弃已久的滨水工业带开始转型。2008 年徐汇滨江率先启动更新；2015 年黄浦江两岸 4.5 千米公共空间贯通工程启动，2017 年随着杨浦滨江示范段改造完毕，同步顺利完成其历史性转折。

2017 年，《上海市城市总体规划（2017—2035 年）》正式发布，提出"构建多层次的公共空间体系"，这一规划奠定了未来上海发展的主要策略和空间格局。2015 年 5 月《上海市城市更新实施办法》颁发，2021 年《上海市城市更新条例》正式通过并实施，确立了城市空间的有机更新作为上海城市可持续发展的主要方式。近年来以社区营造、街道更新为代表的城市微更新进入公众视野，以小尺度的"针灸疗法"重新激发城市活力，进一步扩大了上海城市公共空间的维度，也为未来的城市更新提供了新的可能性。

城市公共空间更新理念和实践思考

近二十年来，原作工作室积极投身于上海城市公共空间有机更新的项目实践，通过不断检验和探索，重新审视公共空间的营造对于城市建设和社会发展的真正价值。针对历史建筑改造、工业遗产转型、城市滨水空间更新等城市更新重点领域，工作室开创性地提出了"向史而新"的更新理念，并在后续一系列的实践中发展出"有限介入""叠合生长""锚固与游离"的建筑主张，以设计回应场地，对建筑本体的转换方式和公共空间的迭代与转型进行

了深入的思考。

"有限介入"——工业遗产与历史建筑的适应性、创新性利用

在城市公共空间更新的实践中，我们始终延续着"向史而新"的建筑史观，即将历史看作一个"流程"，一个连续且不断叠加的过程——建筑的目的既在于包含过去，又在于将这些过去转向未来。而对于叠加过程中的新元素，如何使其既保持对既有环境的尊重、有限度地介入现存空间之中，又以一种清晰可辨的方式与之形成比对性的并置关系，避免和既有环境附着与粘连，就成为设计的关键。

2010 年上海世博会城市未来馆——现在的上海当代艺术博物馆就是一个实现"有限介入"的工业遗产改造案例。该场馆原为上海南市发电厂，在世博会规划时被确定为展览场地。城市未来馆的设计及建造摒弃了强硬的空间改造手段，选择更多体现长远的、持续的设计思路，降低依赖偶发事件，寻求建筑对城市发展的长久推动力。在维持厂房内原有空间格局、历史记忆、场所精神的前提下满足了世博会期间对场馆的功能要求，原有形制、结构形式、构造特征以及部分机器设备均成为在新的使用功能诉求下建筑的有机组成部分，在世博会期间成为浦西园区的热门场馆及重要节点。世博会结束后，2012 年建成开放的上海当代艺术博物馆则是在文化层面上对既有工业建筑改造的一次新的探索与突破。从世博会城市未来馆转变成为上海当代艺术博物馆，在进一步"去事件化"的过程中，我们开始更多地关注工业价值，关注日常介入，关注文化诉求。我们通过对原有空间结构、立面形制、设备特征等方面的重新梳理，实现了对原有工业建筑的"有限干预"；通过水平延展的扁长入口、3000 平方米的眺江大平台、烟囱改造的螺旋艺廊等实现了公共活动的"日常性介入"；通过多样化的路径设置、互动性的艺术体验、融通连贯的空间体系消解了传统博物馆建筑的仪式性，实现了

路径的"弥漫性探索"。

对于历史建筑更新再利用，有限介入同样应成为重要的原则。例如，在复旦大学相辉堂改扩建中，我们试图在高密度城市空间的历史语境下对原真性展开多维度讨论。不同于"博物馆式"的内向保护，历史建筑能与当下社会的文化圈层产生交集：通过考古式的场外和场内调研、系统性的评价与保护分析，明确其价值判断，使原有空间格局在新的改造过程中得以存续，新增体量以比对的方式对原有建筑进行重构。复旦大学相辉堂的新建部分与历史建筑紧邻，通过下挖控制其高度不高于历史建筑；外部形态上采用简洁的体块与轻盈、低调的立面，充分体现了对原有建成环境的尊重。这些介入手段在恰当的限度内既回应了原始场地的文脉特点，又营造出具有创新性的、承载当代社会活动的公共空间。

"叠合生长"——城市基础设施的景观化与复合利用

现代城市快速的增长带来诸多不确定性，大量既存的基础设施及其相关联的空间在城市发展中脱离于公共空间体系之外。在这一思考下，我们希望城市既存的市政基础设施能够作为城市历史文脉与日常生活印记的共同载体，讲述自身再造的过程，也能呈现时间叠合的形态特征；土

地分层利用得以将单一的城市空间转变为复合的城市功能，允许用地指标的重复计算，从而为城市更新让出更多的操作空间。通过基础设施的建筑化、景观化，推动土地混合使用，垂直划分土地使用权，以基础设施与建成环境"叠合生长"的设计策略创造更具活力、丰富多元的城市公共空间。

基础设施进入建筑学的视野可追溯到古罗马的引水道设计。普林斯顿大学建筑系前系主任斯坦·艾伦（Stan Allen）将之理论化[3]，他认为基础设施的大量重复性和对日常生活的深层介入本质上意味着一种公共空间，能够在城市中建构起一张人工地表网络，成为城市生活的载体。在世界范围内，土地分层利用的例子更是屡见不鲜：新加坡早在 20 世纪 60 年代末就通过了分层地契管理法令，实现土地权属分层和混合使用，60—70 年代的巨构城市综合体开发正是这一土地法案的实践成果[4]。而在纽约，同一时期，被称为"上空

2

3 于海. 城市更新的空间生产与空间叙事——以上海为例 [J]. 上海城市管理, 2019(02): 10-15.
4 黄向军, 张洁. 亚洲现代主义的产生：林少伟与新加坡规划与城市研究组、亚洲建筑师联盟 [J]. 时代建筑, 2019(3): 20-27.

权"（Air Rights）的土地容量分层政策允许将历史建筑所在地块的剩余开发容量卖给相邻地块来进行容量转移，既保护了城市风貌，也缓解了该地块的开发压力[5]，著名的高线公园（High Line）作为铁路设施转型的经典案例就得益于这一政策。

上海城市更新过程中，基础设施改造为公共建筑与活动空间也有成功先例。2016年开始示范段施工的徐汇跑道公园前身是上海龙华机场跑道，其改造是对机场这一基础设施的转译。公园采用多样化的线性空间将街道和公园组织成一个统一的跑道系统，满足汽车、自行车和行人的行进需要。每个空间都采用了不同的材料、尺度、地形，并设计了不同的活动项目，以创造多样的空间体验。这样，跑道成为承载现代生活的公园，在都市环境中提供了一处休闲和放松的空间。

在杨浦滨江和苏州河滨水公共空间的实践中，我们发现，滨水更新项目注定涉及大量既有市政基础设施的更新，可以通过土地使用权的探索构建从滨江的线性空间向城市腹地延伸拓展的"地表网络"，从而触发并带动城市的有机更新与迭代。例如杨浦滨江示范段中，有535米的防汛墙处于安全性要求极高的杨树浦水厂外，由于水厂运营的生产要求，必须在紧邻江边的防汛墙外设置一系列生产设施以及拦污网、隔油网和防撞柱等防护设施，

客观上形成了杨浦滨江贯通工程中的最长断点。于是，利用水厂外基础设施进行更新和改造的机会，将景观步行桥整合到其中，形成公共水上栈桥，栈桥与基础设施原有的结构产生了新的对话关系，完成了基础设施建筑化的过程。除此之外，M2白莲泾游船码头项目采用覆土连拱的单层建筑形式，在尽可能压低层高的限制条件下，既满足候船大厅作为公共建筑的净高要求，又满足上方城市慢行系统景观廊道植物的覆土需求；宁国路轮渡站渡口屋顶被设计成与滨江步行桥的标高相同的放大平台，同时把从底部结构升高的虚透格构伞面作为行人的遮阳空间，完善了城市公共空间体系；苏州河泵站公园项目将环卫大楼、泵站操作院落、高位出水井平台等市政建筑覆土、种植绿化，并以坡道等相互连接，其间插入多个庭院，使得绿地、市政设施用地和停车用地等用地指标可以在同一块土地上进行重复计算，公共空间面积得到极大增加。

市政基础设施介入城市日常需要建筑师与相关职能部门的多方协作与共同努力，城市公共空间更新在实际操作中存在的复杂土地利用问题既是挑战也是契机。"叠合生长"不仅激发了建筑学的边界拓展，更实现了城市公共空间的再定义。

"锚固与游离"——
城市滨水岸线的转型与复兴

城市在渐进式生长的过程中，需要寻求一个支点实现公共空间飞跃式的发展。对于上海，黄浦江和苏州河作为先天的自然资源滋养这座城市，也构建起了清晰的公共空间脉络。在以"一江一河"为布局的城市滨水岸线公共空间转型中，通过高复合性的工业遗存、自然资源、城市活动空间实现纵向与横向的大跨度流域性开发。

城市滨水区的衰败与复兴在20世纪60年代开始受到全球性的关注。随着商

3

4

5 Air Rights New York[EB/OL].[2023-09-30]. http://www.airrightsny.com/.

5

品物流和贸易活动的全球化，港口和码头为谋求更大空间从城市中心区域撤离，后工业时代城市的经济增长需求与产业转型又进一步导致城市区域内的工业区纷纷面临关停和转型。昔日繁荣的滨水生产岸线成为割裂城市空间的"伤疤"，不得不谋求向生活岸线的迭代转型。经历几十年的探索，如今的滨水空间复兴不再是单一功能的简单置换，而是通过嵌入公共交通、公共空间、景观体系，力求将滨水空间重新纳入整个城市的生长与更新体系中，形成一种渐进的、综合的开发模式。伦敦金丝雀码头的 CBD 开发、新加坡滨水历史街区更新及芝加哥滨水地区公共岸线都是这类建设的案例。

在上海，黄浦江两岸的工业区变为废弃棕地，大规模的滨水空间复兴于 21 世纪初就被提上议程。2008 年，以上海世博会的举办为契机，徐汇滨江启动整体区域更新。作为 20 世纪民族工业的发源地之一，徐汇滨江岸线长 11.4 千米、区域面积达 9.4 平方千米，规划开发总量 950 万平方米，定位为生态、文化、科技相融合的滨水开放空间。随着优秀的工业遗产被保留改造为龙美术馆、油罐艺术中心等一系列文化展览设施，徐汇滨江化身成为黄浦江西岸可步行、可亲近的"艺术大道"；传媒港、金融城的开发推动该区域转型为文化创意、科技传媒、创新金融互为支撑的产业集群，打造世界级的城市中央活动区。

面对相似的境况，2015 年启动的杨浦滨江南段滨水空间更新则聚焦于生产型岸线向生活型岸线的转型。杨浦滨江拥有 15.5 千米上海浦西中心城区最长岸线，其所在的杨树浦工业区作为近代上海乃至中国最大的能源供给和工业基地，废弃后将城市滨水空间与城市核心区域相隔离。高速而粗放的城市化进程几乎抹去了原有场地上所有的历史痕迹，而与此同时，以乏味的曲线构图、鲜花草坪、广场铺地等元素堆砌的传统滨水景观改造模板在黄浦江边不断复制，导致了空间吸引力的弱化与场地特征的消弭。在此背景下，我们在杨浦滨江既有城市工业区的改造设计中提出了"锚固与游离"的概念。"锚固与游离"描述了一种基于城市地景的设计脉络，它生发于对场所精神的挖掘与提炼，但又希望能提供一种在场的"陌生感"。"锚固"是对场地物质存留的挖掘与剖析,而"游离"则是对于历史记忆、场地文脉的诗意呈现。二者共同作用于场地,用以弥合从生产岸线向生活岸线转型过程中从城市到河流在空间层面的隔绝、功能层面的割裂与文化层面的断层,是对场所精神的深度挖掘和场地特征的传承与延续。

杨浦滨江作为具有独特历史背景和文化底蕴的所在,物质存留的锚固是对城市公共记忆的唤起,场地之外的游离是对场所精神的复现。基于遗存的再利用也是为了实现城市公共生活的新整合,将"还江于民"的大概念落位于一个生态型、生活化、智慧型的公共空间。正如亚历克斯·克里格(Alex Kreiger)所说:"闲置的或荒废的城市滨水区,当他们成为令人满意的生活场地而不再是仅供参观的地方时,它们便复活了。"杨浦滨江"锚固与游离"的总体策略一定程度上也融合了"有限介入"和"叠合生长"的设计思想,共同成为滨水区复兴的原动力,使其最终能够成为为民所用、所爱、所亨的公共空

6

间。从杨浦滨江的成功实践出发,"锚固与游离"也成为其他同类实践的立足点。

城市公共空间的
开放共享之路

公共空间及其所承载的公共活动以人的价值为核心,以实现人与人之间自由交往的更大社会价值为驱动力。尽管随着时代的演变,公共生活发生了巨大转变,但公共空间"并没有消失,而是发生了重组"。支持并深入研究这种未能确定的重组,促使我们去为城市生活与建筑实体赋予多元化的内涵,针对通用性空间进行设计探索,允许城市、环境、街区、建筑、人群之间发生更多关联,形成开放、共享的关系网络。

从建筑单体层面改造策略选择、改造设计中的历史观,到城市层面对于土地复合利用、基础设施功能叠加的思考,以及结构呈现方式层面的有机更新策略,这些都让我们对于建筑师在城市公共空间有机更新领域的角色有了更深刻的理解。随着介入时间的提前以及介入领域的扩大,建筑师更多是作为公共利益与经济利益的协调人出现,这种协调使得建筑设计与空间规划不单纯成为一种技术上的被动服务,而是作为城市高速发展中一股更为积极主动的力量,去提升公共空间品质、修复织补历史、拓展学科边界。

现在,上海已逐步形成"点、线、面"

相结合的城市公共空间体系,公共空间营造不仅是城市的问题,建筑的问题,更是全社会共同关注的日常生活问题。在专业从业者的努力下,随着相关探讨与实践越来越频繁地进入公众的视野,建筑师、规划师、政府、市民等多方的协作机制日趋成熟,自上而下的专业决策与自下而上的公众参与共同发挥作用,一股强大的社会力量正在形成。城市更新浪潮方兴未艾,公共空间的迭代之路也不会停止,我们正在迈向一个更加开放共享的城市未来。

6
改造后的杨树浦发电厂区域

7
杨浦滨江南段连接断口的栈桥

8
杨浦滨江南段的步行栈桥
[本文图片均由章勇拍摄]

04

工业遗产的适应性与创新性应用

Adaptive and Innovative Utilization of Industrial Heritage

自20世纪90年代初，上海中心城区产业开始了"退二进三"的进程，市中心工业区逐渐关停并转，腾退用地，为向第三产业转型奠定基础。但在这一过程中，由于工业建筑或既有工业区不属于历史风貌保护的范畴，其改造往往由业主任意决定，故工业建筑本身所具有的价值未能得到评估。

另一方面，工业区转型也存在盲目跟风的情况。自1998年上海发布有关市中心"都市型产业"的转型需求后，许多工业园区纷纷改造为创意产业园区，但由于未能摸清市场动向，在2005年前后出现一定的瓶颈效应，园区空置、转让的情况频繁出现。

在一段时间的乱象之后，工业区改造也开始挖掘工业建筑自身的特征，以塑造更新项目的差异性。原工部局宰牲场的改造工程就属此例。设计师坚持以对待保护建筑的态度对待宰牲场的改造，并成功使得宰牲场于2005年成为上海市第四批优秀历史建筑，深化了项目更新的意义。

传统的认知中，艺术博物馆建筑往往被锁定在关乎一个地区的重大文化事件上，也不可避免地被解读为本地区文化面貌的展示平台与推动文化发展的强大引擎。然而事实上，艺术博物馆建筑对一个地区文化发展的影响并不在于孤立的"事件性"效应，而是越来越取决于与本地区文化发展的真实关联度。

上海当代艺术博物馆，由传统的火力发电厂蜕变而来，经历了6年艰辛的建筑改造历程，引领了当代中国社会变迁的趋势所向——从注重物质生产的工业时代到注重事件影响的经济腾飞时代，再到注重日常影响的文化发展时代。

建成于1933年的上海工部局宰牲场是当时远东唯一一座多层钢筋混凝土屠宰场，由工部局督造运营。
建筑室内严格按生产流线布置，室外又具有古典建筑的装饰风格，在建筑造型、建筑技术方面都别具一格。
2002年起进行的改造开发适逢上海城市中心区工业转型，宰牲场在前序工业区商业化改造的基础上，
以整体提升周边城市区域环境为目标，在商业开发与文化保存之间寻求平衡，为上海工业建筑改造开辟了一条新的道路。

1933
Shanghai
Slaughterhouse

1933老场坊

改造

多层钢筋混凝土框架结构

"退二进三"

城市区域环境提升

政企合作模式

现在名称／19叁Ⅲ老场坊创意园
曾用名称／工部局宰牲场
建筑地址／上海市虹口区沙泾路10、29号
建成年代／1933年
原建筑师／卡尔·惠勒
保护类别／上海市第四批优秀历史建筑（2005年），三类保护
修缮时间／2002—2006年
设计单位／中元国际工程设计研究院有限公司

1933老场坊鸟瞰　赵崇新／提供

"远东唯一的多层
钢筋混凝土框架屠宰场"

在如今的沙泾路 10 号、苏州河拐弯处，有一座占据整个地块的庞然大物。这座外表裹着圆形花格窗、入口处布满装饰柱的多层钢筋混凝土建筑就是建成于 1933 年的工部局宰牲场，由四周四座长方形板楼和中央一座 24 边形圆筒建筑构成，形成外方内圆的格局。

工部局宰牲场始建于 1891 年，1921 年由于失火遭焚毁而异地新建。在综合考虑了交通运输的便利性、卫生处理的及时性以及买卖经济性之后，最终确定了位于虹口港沙泾路两侧的 320 及 330 地块，此地距离老牲口棚不远，也有利于新旧宰牲场的交接。

由于基地局促但服务面广，宰牲场建筑不得不垂直加建使用。为此，工部局负责新建筑的建筑师卡尔·惠勒在获得纽约、加拿大等地卫生处的指导以及与兽医磋商之后，严格按照屠宰流程和卫生要求进行建筑设计：牲畜从西南角的主入口和北部的次入口进入环形内广场，按照设定路线被驱赶入南、东、北翼底层的蓄牲棚，或是顺着坡道进入上面几层牲口圈。不同牲口使用不同的坡道。在蓄养 24~48 小时后，牲畜被赶往位于二层和四层的待宰杀牲口圈，从这里穿过仅供一头牲口通过且无法转身的天桥，径直走入位于中央塔楼外围的宰杀笼，在电击宰杀后，开笼放血处理，脏器和血液依据重力原理沿着外高内低的地板汇入管道井，进入底层夹层和半地下室的处理间。处理完毕的牲口经由滑轨吊起，通过轨道送往冷却室及后续肉品处理间进行操作。

工艺流程决定了建筑的结构及其形式。利用重力原理需要形成不同的高差，复杂的吊装

轨道要求天花板无障碍，不同流程的操作场所之间则必须有廊桥连接，这一切的实现都得益于钢筋混凝土结构体系，尤其是无梁楼盖在上海的成熟运用。整座宰牲场建筑均以伞状柱形成无梁混凝土框架结构，并在内院中建造了 26 座廊桥将不同的建筑连接起来。营建商余洪记营造厂为了增加内院的通风，不仅以高超的混凝土绑扎技术节约了混凝土的费用，更完成了悬挑螺旋楼梯，实现了内院通风面积的最大化。

这座从功能出发实现复杂造型的工业建筑成为当时远东地区令人叹为观止的孤例，其独具一格的建筑特点也为其保护性改造奠定了基础。

工业建筑改造
实现区域环境提升

工业建筑往往也是令人惊异的奇观，但它们曾在很长时间内被排斥在建筑学的讨论范围之外，得不到应有的保护和良性利用，工部局宰牲场却是其中幸运的一例，并且它的成功引发了人们对于工业遗产价值的兴趣。

20 世纪 90 年代晚期，上海的发展以中心区旧城改造和郊区大开发为主，其中旧城改造的对象主要是大量的危棚简屋和横亘在杨浦、闸北等地的工业区。约从 1998 年开始，市中心地带的工业企业逐渐停产，腾空后的厂房向都市型轻工业转型，由此诞生了一大批创意产业园区，有名者如 M50、八号桥等。至 2005 年，在 75 个挂牌的该类型园区中，由工业建筑或工厂区改造而成的多达 50 个，占到了三分之二，然而无论是改造还是开发模式都较为单一：在商业开发的导向下，工厂的大

1
1933 老场坊修复后正面
2
内部蜿蜒曲折的走道
3
老场坊外立面的照明
〔本页图均由赵崇新提供〕

空间大多被改造为光怪陆离的创意场所，工业
建筑原先的风貌并未得到重视。

　　宰牲场的改造模式较为不同。相比之前小
业主直接向政府租借进驻，依据自身喜好改建
厂房的模式，宰牲场的改造与开发运营由投资
公司统一完成。在与政府签订了 15 年的租期
后，由投资公司出面，寻找有学术研究精神的
修缮改造设计团队，对宰牲场进行全面的改

造，之后再根据策划内容有目的地招商引资。
这就意味着，在项目启动之初的 2002 年，宰
牲场在尚不具备优秀历史建筑身份的时候，就
获得了等同于优秀历史建筑的保护待遇。改造
团队以原真性原则尽可能恢复建筑历史原貌，
着重保护和修缮建筑外立面、坡道、廊桥、伞
状柱、混凝土花饰等建筑特征性元素；以可识
别性原则对因功能需求新增的元素采用区分材

5

4
内部连廊
5
1933 老场坊改造后牲畜道
〔本页图均由赵崇新提供〕

质的做法，使用玻璃、木材、钢材等与原建筑的混凝土作区分；以可逆性原则来重塑内部的隔断空间；以安全性原则对建筑的混凝土框架结构进行了全面检测、修复和加固。

2005 年，当改造工程将近尾声之时，工部局宰牲场名列上海第四批优秀历史建筑，获得了其应有的地位。改造后的建筑华丽转身为 19 叁Ⅲ老场坊，具备餐饮、文创、展演等多项功能，并由此推动了政府对其周边区域进行环境提升改造：不仅配套建设了一条新路，且重新调整了海宁路和沙泾路的交通流向，改造了周边相关市政设施，其中包括沙泾路路面及雨水管道改造、沙泾港防汛墙和周家嘴路改建等工程，使得整个区域环境品质提升，将 19 叁Ⅲ老场坊的影响力向外辐射。

6　7
内部蜿蜒曲折的走道
8
走道连廊与城市背景
〔本页图均由赵崇新提供〕

从原上海南市发电厂主厂房，转变为上海世博会的城市未来馆，继而蜕变为上海当代艺术博物馆，这座建筑有着漫长的演变历程。
1897—1955年为南市电灯厂阶段：1897年上海南市电灯厂成功试开第一盏电灯，标志着国人自主发电的开始；
1935年，华电公司开始在半淞园修建新电厂，诞生了现今建筑的雏形。
1955—2007年为上海南市发电厂阶段：1985年，发电厂主体及烟囱建成。
有着八十余载火力发电史的南市发电厂，见证了工业社会的崛起。
2010—2012年为上海世博会城市未来馆阶段：为迎接2010年上海世博会，老电厂变身三星级绿色建筑，
工业烟囱也被改造为超大"温度计"，重新探索人类对于未来生活的想象。2012年后改为上海当代艺术博物馆（PSA）。

Power
Station of Art

上海当代艺术博物馆

当代艺术博物馆

工业遗存

工业遗产的适应性

工业建筑改造的创新性

现在名称／上海当代艺术博物馆
曾用名称／南市电灯厂、上海南市发电厂、上海世博会城市未来馆
建筑地址／上海市黄浦区苗江路678号
建成年代／19世纪末—20世纪初
原建筑师／上海马路工程善后局
保护类别／上海市第五批优秀历史建筑（2015年），三类保护
修缮时间／2010—2012年
设计单位／同济大学建筑设计研究院（集团）有限公司

上海当代艺术博物馆鸟瞰　章勇／摄

"重装发电"

主厂房拥有长 128 米、宽 70 米、高 50 米的庞大体量，巨大的机器内脏般的空间、充斥着浮尘的空气中回荡着粗糙的机械钝响，这些对发电厂的印象成为改造的初衷，因而尊重其原有秩序和工业遗迹特征的有限干预就成为设计的原则：参照原结构的跨度、安全性和经济合理性进行结构逻辑的梳理；根据设备的位置、走向与特征进行设备体系的更新；参照原有外立面的形制与肌理进行重点部位的改造与加建。

改造这座老厂房并不是一件轻而易举的事，其复杂程度超出想象，充满了坚持与退让、冲突与和解，一次又一次的拉锯战打磨出的最终结果是：1 号展厅采用了相对保守的拆除楼板、重置钢梁的做法，抽掉中间一排柱子，转化为无柱大空间；三层连廊运用了结构悬挑和顶部悬吊相结合的方式，解决由于悬挑过远对原结构冲击过大的问题，悬空的吊杆不仅不会影响原有的无柱空间，这一当代结构技术还通过增加悬挑钢梁根部稳定性解决了两部自动扶梯运行时的震动问题；南立面上的悬挑雨棚在原有结构柱上直接植筋，维持了混凝土现浇做法，减少了对原立面形制的冲击；原有结构和新结构体系之间腾挪躲闪产生的北部中庭错位空间，打开了北部中庭向外的视觉通廊，产生与烟囱的多种关联，激活了新的空间体系；展览空间延伸至烟囱，形成独特的盘旋展廊，同时又维持了烟囱标志性的形象，与主厂房成为一体。

改造后的艺术博物馆共八层，提供了 15 个不同类型的展览空间，并拥有大量的开放式展示空间以及三个层面的大型室外平台。无论

是改造手段还是改造结果均旨在保留发电厂原本的工业奇观，从而实现了"重装发电"的效果。相对于传统公共展示场馆所呈现的规矩、庄严、古典式的雄伟，当代艺术博物馆令人震撼的工业景象更能唤起人们对于"当代""未来""科幻"的想象。

特征性与当代性的
建筑语言

新艺术博物馆建筑的设计超越了自成体系的传统模式，着眼于更大范围的地域与历史脉络，将原本相互分离的元素以建筑的方式联为一体，充分实现地域的内在性格、精神特质与建筑空间的全方位整合。整体体系的建立使建筑真正成为一个容纳当地生活的真实包容体，因此，特征性与关联性是维系与支撑艺术博物馆建筑设计的主线索。

原南市发电厂主厂房的庞大体量 165 米高的烟囱也具有明显的区域标志特征，其内部空间和外部形态相对完整并拥有强烈的工业文明气息。上海当代艺术博物馆对原有南市发电厂的有限干预，目的在于最大限度地让厂房的原有秩序和工业遗迹特征得以体现。对于这个封存已久的锈蚀肌体而言，为其腾挪出自由呼吸与游动的空间是当务之急。改造分别针对空间体系、结构体系、设备体系制定了有限干预的改造策略：根据空间的尺度、结构完整度分别改造为与艺术博物馆相匹配的不同功能；根据结构的跨度、安全性、经济合理性最大限度地体现原有结构的逻辑关系与工业美学特征；根据设备的位置与特征将空间界定与动线安排有效地融入改造后的空间体系；根据原有形制及原有立面肌理的基础进行重点改造与加建，

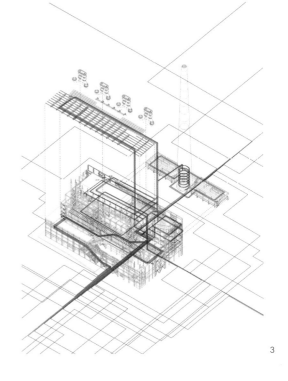

4

5

6

1

当代艺术博物馆的原始厂房
照片
[章勇／摄]

2

当代艺术博物馆的原始钢
结构
[章勇／摄]

3

当代艺术博物馆流线分析图
[原作设计工作室／提供]

4　5

当代艺术博物馆北立面连廊
及配套建筑
[章勇／摄]

6

新旧结构融合的开放展区
[章勇／摄]

7

当代艺术博物馆一层、二层、
三层、五层平面图
[原作设计工作室／提供]

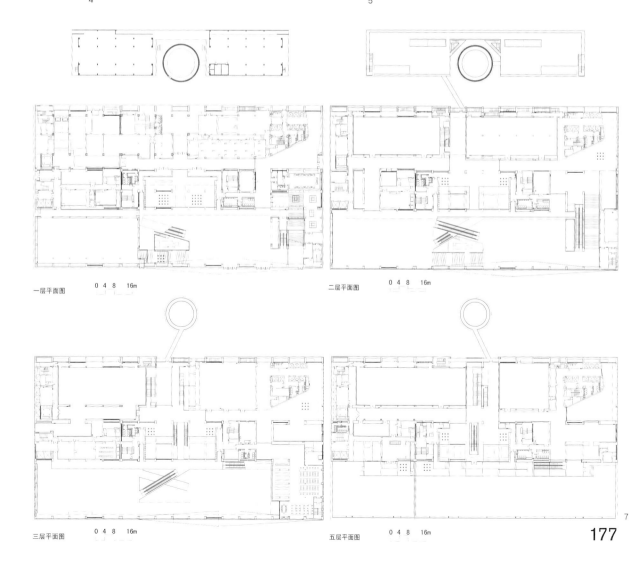

一层平面图　　0 4 8　16m

二层平面图　　0 4 8　16m

三层平面图　　0 4 8　16m

五层平面图　　0 4 8　16m

7

使工业文明遗迹在新的时代得以延续与重生。

但是对于一座老厂房而言，最大的风险并不在于特征性的延续，而在于它必须同时兼容特征性与当代性。从结构改造上看，维持原有工业建筑顶部的轻钢屋架无现实可能性，需要改造为复合桁架以实现新建筑的功能要求。设计通过同样具有工业特征的钢桁架以及完全暴露的设备系统实现了置换与再生的统一。南立面入口在原有结构柱之上增加混凝土悬挑雨棚的设想也遭遇阻力，最终利用加固后的原有结构柱直接植筋，维持了混凝土现浇做法，也避免了增加立柱对原立面形制的冲击。同样体现特征性与当代性兼容原则的还有北立面的改造。128 米宽、50 米高的庞大体量、纵横交错的裸露钢斜撑、延绵曲折的橙红色消防楼梯都明显提示着工业厂房的特征，这也使多种试图美化一个封闭界面的方案显得徒劳无益。在放弃完整性与封闭性的基础上，一种新的可能性开始呈现：将空间向北侧打开视觉通道，形成与烟囱产生多种关联的北部中庭，同时借助打开的视觉通廊形成眺望南浦大桥的最佳视域，也为馆内引入自然光线。将消防楼梯的走向自然投影到北立面上，形成与功能完全匹配的线构图形式。北立面第一次主动参与到主体空间的体验流程中来，在完善体验流程的同时也成就了自身的完整性。

文化反思

新艺术博物馆建筑必须是本地域文化及其社会生活的忠实代言人，也是本地域文化生活不可或缺的组成部分。只有当艺术博物馆建筑变得与地域文化和生活方式保持一致时，才能维持归属感与长久不衰的活力。新艺术博物馆

建筑虽然承担了文化传承的重任，但前提是不能建立在简单的传统符号挖掘的基础上，而是建立在对传统文化思想精髓的当代体悟与全新拓展之上。文化的松绑是传承语境下的多元思考：新建筑考量的不仅仅是新与旧的回应与对答，更在于新与旧的对峙或倚仗形成的张力关系，及其对城市环境的重新界定与影响。

在长期的坚守中，上海当代艺术博物馆保留下旧厂中最重要的特征性元素。但比保留难度更大的是如何使这些历史遗存的特征性元素成为现实语境中的真实参与者，并对当代艺术产生真正的现实推动力。

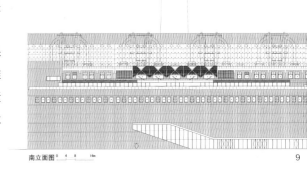

南立面图 0 4 8 16m   9

8
弥漫路径的探索草图
〔原作设计工作室／提供〕
9
当代艺术博物馆南立面图
〔原作设计工作室／提供〕
10
当代艺术博物馆剖面图一
〔原作设计工作室／提供〕
11
当代艺术博物馆南立面草图
〔原作设计工作室／提供〕

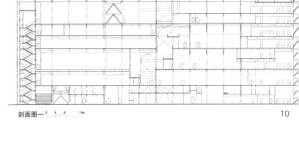

剖面图一 0 4 8 16m   10

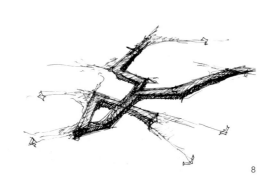

8

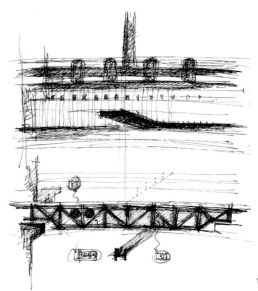

11

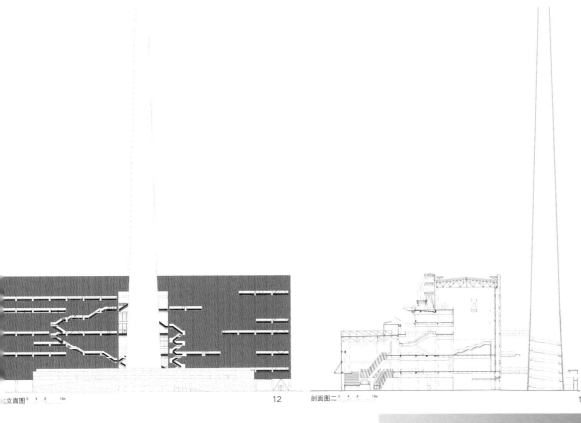

立面图 0 4 8 16m 12

剖面图二 0 4 8 16m 15

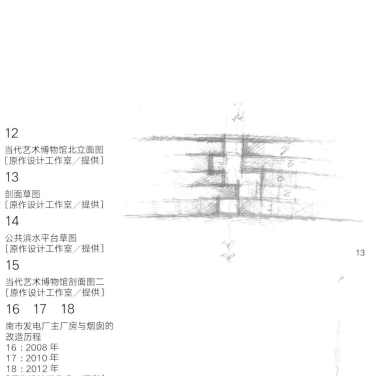

13

14

20

21

19

18

12

当代艺术博物馆北立面图
〔原作设计工作室／提供〕

13

剖面草图
〔原作设计工作室／提供〕

14

公共滨水平台草图
〔原作设计工作室／提供〕

15

当代艺术博物馆剖面图二
〔原作设计工作室／提供〕

16　17　18

南市发电厂主厂房与烟囱的
改造历程
16：2008 年
17：2010 年
18：2012 年
〔原作设计工作室／提供〕

19

眺江大平台
〔章勇／摄〕

20　21

当代艺术博物馆公共空间的
改造前后对比
〔章勇／摄〕

179

05

城市基础设施的景观化与
复合化利用

Landscaping and
Composite Utilization of
Urban Infrastructure

城市基础设施是支撑城市运作的物质与社会系统，是容纳并调动人力、信息、资本、能源等流态资源的设施与机构的集合。基础设施建筑学所研究和探求的内容，在本质上是一种建筑学介入城市的可能。它并不是一种抽象的空间概念，也不只关注建筑本体，在其理论和实践中更多和更为重要的，是对于城市的关切：面向城市的现实空间结构与状态，及其对于功能的诉求。它的核心在于为城市提供更多的、更优质的公共服务性内容。这是一种即物的、在地的城市建筑学。学者们将基础设施视为提升城市公共领域环境品质的媒介，对建筑师脱离具体的城市空间的设计进行了严厉的批判。

而在许多城市的实践中，这一理念也得到了响应：基础设施的更新或新建，或是完善了其公共空间网络和城市环境品质，激发了使用人群的活动；或是对交通设施体系产生了较为明显的优化作用，具有显著的城市意义。

在当代中国的语境中，基础设施的公共空间化与建筑化正逐步获得认可，这一点对于拥有大量水利工事而又在转型过程中缺少用地的滨水地区而言具有特殊的意义。除了面临挖掘场所记忆、探索当代特征的问题之外，滨江公共空间的复兴注定涉及大量既有市政基础设施的更新，涉及从滨江的线性空间向城市腹地的延伸拓展，也势必触发并带动城市空间肌理的有机更新与迭代。

基础设施复合利用的提出能够在有限的用地条件内实现土地节约、公共空间和标志性建筑的塑造。灰仓艺术空间与徐汇跑道公园，这两个案例正是对旧的留存和新的植入之间的关系进行探讨的建筑实践，在闲置的滨水空间和机场跑道的有限用地范围内进行了顺应社会发展需求的复合功能尝试。

杨树浦路2800号原为"远东第一火力发电厂"——杨树浦发电厂。发电厂由英商投资，建成于1913年，在这片场地上留有丰富的工业遗存。高180米的烟囱是船只进入上海黄浦江沿岸港区的标志，而江岸上的鹤嘴吊、输煤栈桥、传送带、清水池、湿灰储灰罐、干灰储灰罐等作业设施也有着特殊的体量和形式，在杨浦滨江公共空间南段的贯通工程中具有重要意义。灰仓艺术空间的前身为干灰储灰罐，曾被用于暂存燃煤燃烧及其他工序产生的干粉煤灰。为便于煤灰的装船运输与再利用，故而抵近江边的浮码头修建，是原发电厂生产工艺中重要的一环。由于其特殊的临江位置及三联筒仓的独特形态，储灰罐与其他留存的工业要素一起组成了独特的工业景观群，对于往来于黄浦江的水运船只，以及曾在杨浦滨江工业带生产、生活的居民来说，承载了独特的场所记忆。

Ash Bucket Art Space
灰仓艺术空间

改造

原真性

公共活动

基础设施

遗存体验

现在名称／灰仓艺术空间
曾用名称／上海杨树浦电厂干灰储煤灰罐
建筑地址／上海市杨浦区杨树浦路2800号
建成年代／始建不详，1995年改造
原建筑师／电力工业部华东电力设计院
保护类别／一般历史建筑
修缮时间／2020年
设计单位／同济大学建筑设计研究院（集团）有限公司

灰仓艺术空间鸟瞰　章勇／摄

公共活动的
基础设施

灰仓艺术空间作为上海杨浦滨江南段东部的重要节点，其整体位于规划防汛墙外的独特位置，以及与水平向铺展开来的景观形成鲜明对比的竖向密实阵列的混凝土结构体系，决定了它独特的场所气质。对于这样具有特殊意义的工业遗存，改造设计的基本思路是从保留原真性出发，激发场所特质。改造方案将原有的构筑物视为支撑公共活动的基础设施，通过增设两块景观平台，将三个各自独立的储灰罐连通，采用朦胧界面的处理手法，对原先15米通高的封闭灰仓进行改造，形成一组从底部混凝土框架一直盘绕至灰仓顶部的、完全公共的漫游设施。之后将6个功能灵活的空间连同一组折跑楼梯，以"Plug-In"（插入城市）的概念植入其中，在公共艺术品介入后最终形成艺术参与和公共漫游紧密咬合的空间触发模式。

嫁接生长的
结构策略

原结构由底部的混凝土框架和顶部的金属薄壁储罐组成。考虑到下部混凝土结构设计荷载较大，以及风化后的表面材质具有独特的审美效果，改造方案采取了以修复加固后的混凝土结构为基础，将新的钢结构体系嫁接植入的策略。新增的两层公共平台皆由锚固于原混凝土结构上的放射状钢梁承载，植入的漫游系统则主要由钢梁悬吊。漫游其间时，新旧结构之间的对话以及厚重与轻盈的对比成为了强化空间体验的重要元素。

上部储罐以类似易拉罐的整体薄壁承受干灰由内向外的均匀荷载，其局部刚度不足以承受楼板交接处的集中受力，故上部结构采用了钢结构梁柱的形式，以原混凝土结构为基础向上生长，增设钢柱与辐条状钢梁，形成罐内使用空间。三个罐体之间增设连廊连通各空间，同时连廊也起到横向串联三个罐体结构、增强罐体水平刚性的作用。

虚实相间的
表皮策略

为保留原干灰储灰罐的完整外部形象，同时为内部空间营造适宜的光环境和能够环顾城市的全景视野，上部罐体的表皮采用了虚实相间的朦胧化处理方法。构造上，在参照原结构的色彩后，改造方案立面主要材料使用了浅灰与浅黄两色的横向铝制条带，以相互之间留有缝隙的方式固定于内外层之间的张拉结构钢缆上，并根据室内不同的采光需求和人的视点高度，调整与优化条带的整体疏密及具体位置，在保留完整的外部形象的前提下尽可能减小对室内采光及视野的影响。

为最大限度地适应多种展陈需要及未来可能的功能变化，设计中未设置确定的气候边界，而是将展陈空间作为江上自然环境的一部分，充分引入风、雨等自然要素，模糊观者与自然的体感边界；同时，在不影响立面形象的前提下，立面的虚实变化及内部的结构构件排布方式也能够迎合功能变化时室内布局的改造需求。

1
灰罐之间的连桥
［章勇／摄］
2
灰罐内的螺旋漫游路径
［章勇／摄］
3
灰仓艺术空间内部漫游路径图
［原作设计工作室／提供］

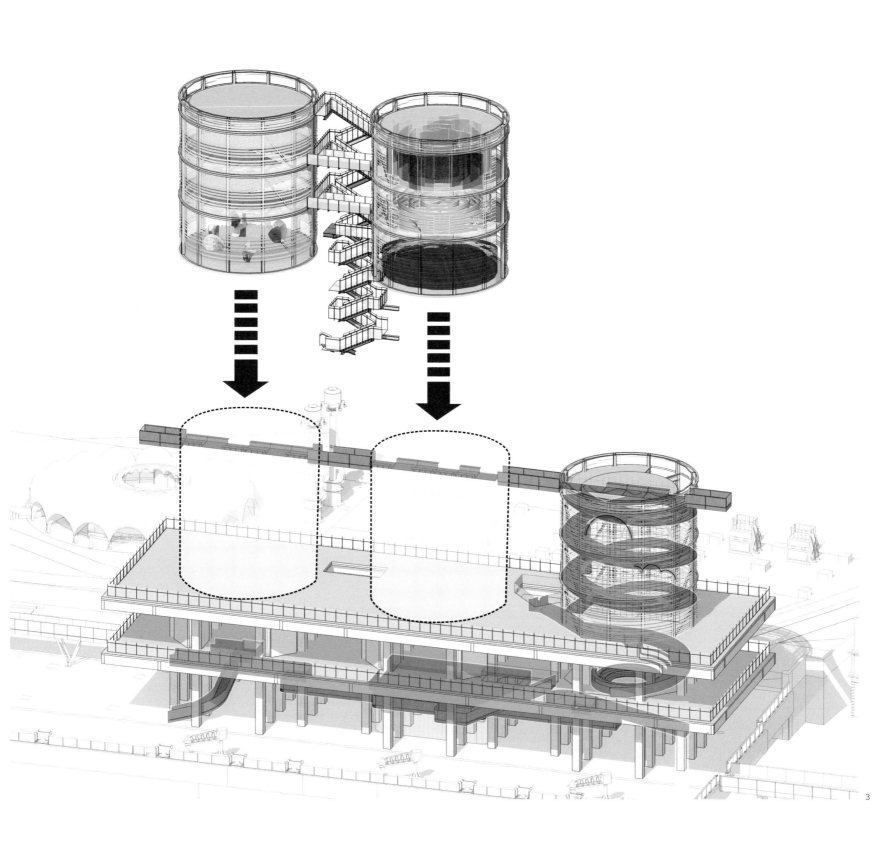

4

5

4
改造后的灰罐细部，上设观
景台

5
于塔吊卸煤机下望灰仓艺术
空间
〔本页图均由章勇拍摄〕

徐汇跑道公园是一个反映上海城市发展史的创意城市更新项目。
考虑到场地的前身是上海龙华机场跑道，公园设计效仿机场跑道的动态特质，
采用多样化的线性空间将街道和公园组织成一个统一的跑道系统，满足汽车、自行车和行人的行进需要。
虽然所有的空间都是线性的，但每个空间采用了不同的材料、尺度、地形，并设计了不同的活动项目，创造出多样的空间体验。
这样，公园成为承载现代生活的跑道，在都市环境中提供了一处休闲和放松的空间。

Xuhui
Runway Park

徐汇跑道公园

公共空间

景观

休闲娱乐

体育设施

现在名称／徐汇跑道公园
曾用名称／上海龙华机场跑道
地址／上海徐汇区云锦路300号
建成年代／1929年
原建筑师／不详
修缮时间／2016年
设计单位／Sasaki事务所

徐汇跑道公园鸟瞰　Sasaki事务所／提供

跑道公园的设计迫切需要能够穿越时空，在现代城市肌理之中留下一抹往昔的记忆。设计尽可能地保留了原有机场跑道的混凝土铺面，包括重新利用破碎的跑道混凝土块建造新的公园道路、广场以及休息区等。公园内许多空间的设计都旨在唤起人们乘飞机时上升、下降的体验，不仅向访客暗示基地作为机场跑道的历史，同时也为场地提供了多种视角。

道路设计通过控制车行道的宽度、鼓励使用公共交通而不是私家车，来竭力保持紧凑的城市中心区的感觉。此外，六行落叶行道树沿人行道、自行车道以及机动车道形成绿化隔离带，创造了舒适的微气候、四季变换的景致，以及人性化尺度的景观大道。位于地铁站和相邻开发地块之间的下沉花园，可以改善人们穿梭于地铁站时的空间体验，同时增加公园的空间层次。

公园里的植物全部运用长三角本土植物品种，以此来创造多样的陆生和水生动物栖息地，使公园具有景观功能。观鸟园、果林和多种多样的花园营造了优美的陆生环境；湿地、人造软质驳岸与漂浮湿地模块组成了健康的水生环境。

灯杆的设置再现了机场最为重要的通信和照明功能，呼应了基地的航空和工业历史。地埋的线状和点状灯具不仅标示出昔日的跑道，而且也是公园的标志性视觉元素之一。发光的扶手、座椅、遮阴棚、架空步道和环境标识一起，为功能空间创造了视觉边界。所有的灯光都有意识地避开了栖息地和夜行生物的活动区域。

云锦路和公园的雨水通过路旁 5760 平方米的雨水花园和 8107 平方米的人工湿地进行管理。这里也是上海市第一个沿道路布置的雨

水花园系统。基地北面的径流流经公园中的雨水花园后排放到一侧河道中，南面的径流则经过一系列过滤湿地排入运河。用以减缓流速的开放前池与被植被覆盖的湿地相结合，有助于减少道路径流中的悬浮颗粒物和污染物。整个场地的雨水径流最终经机场河道排入黄浦江。

徐汇跑道公园在 2016 年春季开始施工，现在已完全竣工，深受附近居民的喜爱，已经成为社区新的生活交流空间。

1

跑道公园内部植被

2

徐汇跑道公园俯瞰平面

3

徐汇跑道公园鸟瞰图

4

徐汇跑道公园改造前后
对比

5

徐汇跑道公园的地形分布

6

徐汇跑道公园的植被选择
[本页图均由 Sasaki 事务所
提供]

1 湿地台地
Wetland Ledge

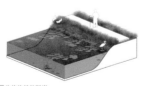

2 生物构筑的驳岸
Bioengineered Riparian Edge

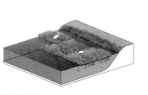

5 3 漂浮湿地模块
Floating Wetland Module

1 观鸟园
Bird Watching Garden

2 果林和小树林
Fruit Tree Grove & Tree Groves

3 雨水花园和四季花园
Rain Garden & Four Season Garden   6

06

Transformation and Revival of Urban Riverfront

城市滨水岸线的转型与复兴

20世纪60年代末开始，城市滨水区重新受到全球性的关注，上海的滨水空间开始了从生产岸线到生活岸线的迭代转型。黄浦江岸线东端的杨浦滨江，作为上海乃至近代中国最大的能源供给和工业基地，在城市经济和社会生活中占有举足轻重的地位。本地人一语双关地把杨浦区称为"大杨浦"，就是因为它是上海开埠以来密度最大的工业区，承载着大工业时代带来的荣耀与创伤。杨树浦路以南密布的几十家工厂，沿江边形成宽窄不一的条带状的独立用地与特殊的城市肌理，将城市生活阻挡在距黄浦江500米开外的地方，形成"临江不见江"的状态。

2002年以后，上海市开始对黄浦江两岸进行综合改造，并于2014年开始核心段滨江公共空间贯通工程，抓住"工业保护建筑推动改造"的理念，将工业保护建筑作为"锚点建筑"撬动周边社区的发展，由此推动了徐汇滨江和杨浦滨江的建设，使这两处区域成为上海的两张都市名片。城市滨水岸线的建设实现了从封闭的生产岸线转变成为开放共享的生活岸线的目标。2014年年底，《黄浦江两岸地区公共空间建设三年行动计划（2015年—2017年）》公布，该工程于2017年底实现贯通。

城市更新背景下的城市滨水复兴，公共空间的塑造无疑成为重中之重。作为组织的核心，公共空间不仅是在功能和空间上串联滨水地区与城市腹地的关键，同时也是在主题上勾连各项复兴内容的手段。通过模糊边界和延伸领域，公共空间能够弥合滨水地区与城市区域曾经存在的隔阂，调整整个片区的功能结构和运转模式，并围绕公共活动激活历史文脉，嵌入基础设施和构筑物，建设生态系统，同时形成新的城市文化景观，从而作为当代整体性城市空间的表达以批判现代主义碎片化的城市设想。

2019年上海举办了城市空间艺术季，其公共空间与艺术生活相融合的文化导向成为促进杨浦滨江更有效地开放并与城市产生进一步融合的契机。在艺术季的进程中，以整个江岸作为基地，还举办了140余场公众活动，涉及艺术表演、学术论坛、大师讲堂、摄影大赛、创意市集、休闲娱乐等多个方面。多样的活动与内容面向城市中各种人群，对不同的群体形成有效吸引，促进了各界团体的接触融合，产生了额外的社会效益，这也正是城市更新所应具有的意义。

Xuhui Riverfront Public Space

徐汇滨江公共空间

徐汇滨江公共空间位于徐汇区日晖港以南、徐浦大桥以北的黄浦江滨江地带，曾是上海飞机制造厂、上海水泥厂、龙华机场、上海铁路南浦站的所在地，承担着交通运输、物流仓储的功能。21世纪初，借着举办世博会之机，作为世博会场地延伸段，徐汇滨江完成了工业土地收储，制定了未来发展计划，建成了道路基础设施，向市民开放了滨江公共空间一期，完成了转型的雏形。紧接着，重点打造"西岸文化走廊"这一品牌，将老工业厂房改造为美术馆、艺术家工作室、会展中心等，既保留了原先的场地特色，又通过植入新功能、引入城市活动带来这一地块的复兴，从而推动后续开发。改造揭示了工业建筑的价值，其中北票码头塔吊、海事瞭望塔、龙美术馆、余德耀美术馆、西岸艺术中心成为第五批优秀历史建筑，反过来肯定了工业空间活化利用的价值，催生了油罐艺术中心这类后续作品。

滨江公共开放空间

工业建筑改造

工业建筑文化品牌

现在名称／徐汇滨江公共空间

曾用名称／上海铁路南浦站、北票煤炭码头、龙华机场、上海水泥厂、上海飞机制造厂等

地址／上海市徐汇区日晖港以南，徐浦大桥以北

建成年代／19世纪末到20世纪初

保护类别／北票码头塔吊、海事瞭望塔、龙美术馆、余德耀美术馆、西岸艺术中心为上海市第五批优秀历史建筑（2015年），四类保护

修缮时间／2007—2010年（徐汇滨江公共开放空间一期）；2007年至今（徐汇滨江改造）

设计单位／英国PDR公司，华东建筑设计研究院有限公司，Hassell，OPEN建筑事务所，大舍建筑设计事务所，David Chipperfield建筑事务所等

徐汇滨江公共空间鸟瞰　西岸集团／提供

借力大事件，
构筑转型基底

徐汇滨江是2002年"黄浦江两岸综合开发计划"中出现的概念，指的是位于上海徐汇区日晖港以南、徐浦大桥以北的滨江区域，全长约11.4千米，土地面积9.4平方千米，属于黄浦江核心区南向延伸段，紧邻原先的世博会主展场。这里原先是上海市重要的交通运输和物流仓储功能区，集中了大量工业厂区和工业遗存。

20世纪90年代，上海产业结构进行调整，城市空间外扩，建设大型新兴交通枢纽，徐汇滨江地带逐渐失去了以往的产业优势，加上计划经济向市场经济体制转变，不少工业企业陷入困境，纷纷关停并转。2002年的"黄浦江两岸综合开发计划"就是要解决逐渐空置的滨江工业带后续转型的问题。2010年世博会选址在黄浦江两岸，成为滨江改造的先行工程。

作为世博会举办地的南向延伸地段，徐汇滨江抓住了这次城市大事件的机遇，于2007年与上海市黄浦江两岸开发工作领导小组办公室签订《共同推进黄浦江沿岸徐汇区段综合开发合作备忘录》，明确了市、区合作，以区为主的建设机制，和政府主导、市场运作的开发机制，正式开启了滨江转型之路。作为国有独资企业，拥有区政府授权的上海西岸投资发展有限公司，负责开发建设与后期运营管理，而下属的私营开发公司则作为执行方承担二级开发任务。

先进行开发的是徐汇滨江公共开放空间一期，以土地收储、基础设施和公共环境建设为切入点。早在世博会召开前两年，上海市已通过动迁工业企业、居民住户，完成土地收储2.53平方千米，并经由总体规划建设了包括龙耀路在内的"七路二隧"路网骨架。与此同时，梳理了日晖港以南长达3.6千米的滨水岸线，通过多种手段塑造开放空间。首先是上海唯一一条驱车景观道——龙腾大道的建设。通过抬升路基、曲线形态、绿植覆盖等手段，龙腾大道突破防汛墙的屏障，以若即若离的距离饱览滨江景观。其次，利用桥梁、工业遗存景观等节点呈现视觉上的多样性。金晖南浦花园以上海铁路南浦站为基础，打造集展示、休闲于一体的公园，塔吊广场群用修复的塔吊系统激发人们的记忆；海上廊桥由北票码头原煤炭传送带构成，成为空中视觉平台，让市民得以感受浦江风景；龙华港桥是国内唯一的变截面双桁梁结构桥，是工程美学的典范。再次，实现生态亲水和低碳节能。通过抬升基座降低防汛墙对人们观赏滨江景观的阻碍，而滨水栈道的建设通过水中栈道沿江横向延伸，将滨水慢生活的理念传递给市民。江边利用白色的风能转轮发电，为景观灯供电，所有景观灯均采用节能灯。

滨江公共开放空间一期投入使用后收获了好评，也为徐汇滨江的后续开发带来了契机。

工业建筑成就
"西岸文化走廊"

世博会过后，徐汇滨江进入了全面开发的阶段，抓住场地上既有的工业建筑，充分利用其文化价值将其改造为文化设施场馆，同时继续利用"事件"带来的传播效应，配合改造后的场馆举办各式各样的活动，努力塑造"西岸文化走廊"这一品牌形象。

1
原北票码头煤漏斗
〔西岸集团／提供〕

2
原徐汇滨江老码头及厂房
〔西岸集团／提供〕

3
原龙华机场全景
〔西岸集团／提供〕

4
徐汇滨江公共空间一期
〔西岸集团／提供〕

5
龙美术馆
〔苏圣亮／摄〕

6
从油罐公园中心望向
西岸美术馆
〔一勺景观／摄〕

7
西岸美术馆
〔Simon Menges／摄〕

4

5

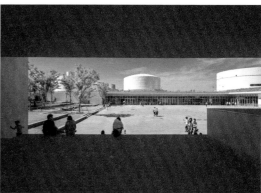

6

7

197

文化设施场馆的建设紧扣在地的工业建筑，选择当下知名的建筑师进行创作，代表项目包括余德耀美术馆、龙美术馆、西岸艺术中心、油罐艺术中心等。每个作品都允许建筑师充分发挥自己对于工业建筑的想象，以激发工业建筑的空间潜能。如2014年落成的龙美术馆和2019年开馆的油罐艺术中心，以其对工业建筑的独特诠释，成为了明星建筑，从而大大提高了西岸的知名度。这些改造后的建筑作品作为工业建筑的优秀改造案例，于2015年名列第五批优秀历史建筑名录。这些场馆的出现也带动了相关产业的发展。2014年，西岸艺术品保税仓库投入运营，提供艺术品仓储、物流和相关金融服务，为交易、贮藏艺术品带来便利，成为西岸艺术品产业链的重要一环。

大批艺术场馆的建设也推动了休闲活动的发展。为了促进活动的举办，西岸建成活动场地10余处，总面积达2万余平方米，在节假日的日接待游客数量达到上万人次。活动内容从传统的龙华庙会，到时尚的创意市集，再到宣传健康生活理念的马拉松，更多的则是由文化场馆衍生而来的展览、展示、演讲活动。

2012年至今，由于"西岸文化走廊"的建设，徐汇滨江已逐渐发展为闻名全上海的时尚社区，吸引着艺术家、建筑师、设计师、媒体人等的目光，也是普通市民休闲生活的绝佳去处。经由工业建筑的功能提升与改造，徐汇滨江复兴迈出了坚实的步伐。

油罐艺术中心设计意图：可生长的"大地艺术"

上海油罐艺术中心是全球为数不多的油罐空间改造案例之一。曾服务于上海龙华机场的一组废弃航油罐，经由OPEN建筑事务所6年的改造而重获新生，成为一个综合性的艺术中心。其所在的上海西岸本身是近年来相当活跃的文化艺术聚合区，油罐艺术中心自2019年3月开幕以来，更是以其独特的魅力吸引了无数参观者，成为了上海新晋文化地标和世界当代艺术图谱上的热门目的地。

油罐艺术中心室外是向公众开放的公园，室内则是丰富的展览和活动空间。新建建筑低调地消隐于地景和公园之中，这不仅是对工业遗存的尊重，也是对都市人渴求自然的回应，更是对建立一种新型艺术机构的探索。这是一个无边界的美术馆，人们可以在艺术、自然与城市之间自由穿梭；这也是一个没有完成时的美术馆，空间的灵活性使它可以适应各种需求，不断发展变化。

整个项目谦逊而包容，吸引人们来此亲近自然、感受艺术。美术馆建筑不再是一个"物体"，以高冷的姿态拒人于千里之外。相反，不设围墙的空间随时欢迎任何人的进入和体验，不管是散步、慢跑、遛狗、拍照打卡或是草地野餐。这种设计反过来也激发艺术中心创造出一种全新的运营模式——对外开放以来，除了举办过数场高规格的艺术展览，油罐还成为艺术节、书展、时装周、人工智能大会等各式各样活动的举办场所，不拘一格、丰富多彩，为周边社区及城市带来蓬勃的生命力。

从西侧的龙腾大道到东侧的黄浦江边，室外公园的参观路径是多样的，邀请人们自由地

漫步其间，而喷雾的平面形态呼应着被拆除的一个油罐。贯穿基地南侧的是一大片"都市森林"，在城市中引入自然的回归；东侧为一片开阔的"草坪广场"，提供给人们奔跑、休憩的空间，也可以成为室外音乐节等大型活动的观众席。

整个地景中散落着艺术装置，以及两座独立的小建筑，用于举办艺术活动和小型展览。一间被镜面不锈钢包裹的"无影画廊"掩映在都市森林之中，若隐若现；靠近黄浦江边，一座拥有连续锯齿形天窗的"项目空间"则以其鲜明的几何形态与白色的油罐形成强烈反差。

营造一个可生长的"大地艺术"正是设计的核心。在这件占地将近5公顷的大型作品中，大地是被绿意涂抹的画布，建筑如珠玉点缀其间。五个油罐由覆土绿化的新地形——"超级地面"（super-surface）串联起来。邻近公路的1、2号罐相对独立，全部位于超级地面之上；3、4、5号罐则有一半位于超级地面之下，三个罐之间形成开阔的半地下公共空间，包含艺术中心门厅、展览空间、报告厅、咖啡厅和艺术商店等，隔着通透的落地玻璃面向下沉式广场。公共空间吊顶的大量天窗，则引入来自"超级地面"之上的自然光，那里，一个高低起伏的公园呈现着四时不同的景观。三个罐的入口护坡由10~25 mm厚的钢板围合，层叠呼应着原始罐体的曲面结构，部分台阶则被改造为咖啡厅的座椅。

五个油罐的改造策略各有不同。1号罐被规划为两层高的Live-house，置入了一个鼓形的内胆，来围合出一个声学性能适合演出的场所；2号罐被设计为餐厅，内部挖空了一个圆形的庭院，屋顶被改成了可以欣赏江景的平台；3号罐的内部空间几乎被完整保留，为大

型的艺术、装置作品提供一个拥有穹顶的展览空间，仅在顶部装有一扇可开启天窗，在需要的时候引入自然光甚至雨水；4 号罐内部置入一个立方体并分为三层，成为适合架上作品装挂的、相对传统的美术馆；5 号罐做了体型上的加法，一个长方体体量穿越罐体而过，形成两个分别面向"城市广场"和"草坪广场"的室外舞台。油罐罐体最大程度保持了工业痕迹和原始的美感，只新增了一些圆形、胶囊形的

舷窗和开洞，形成外立面独特的表情，同时给罐内营造了朝向公园和黄浦江的优美框景。

独特的油罐艺术中心定义了新时代的都市艺术机构，它将城市公园与艺术展览、大地景观与建筑空间、工业遗存与创新未来，都天衣无缝地融合起来，并以开放友善、谦逊包容的姿态融入城市生活中，深受公众的喜爱。一个无边界的美术馆发挥着它的无限可能，同时潜移默化地塑造着一种平等、共享的人文精神。

8

9

10

11

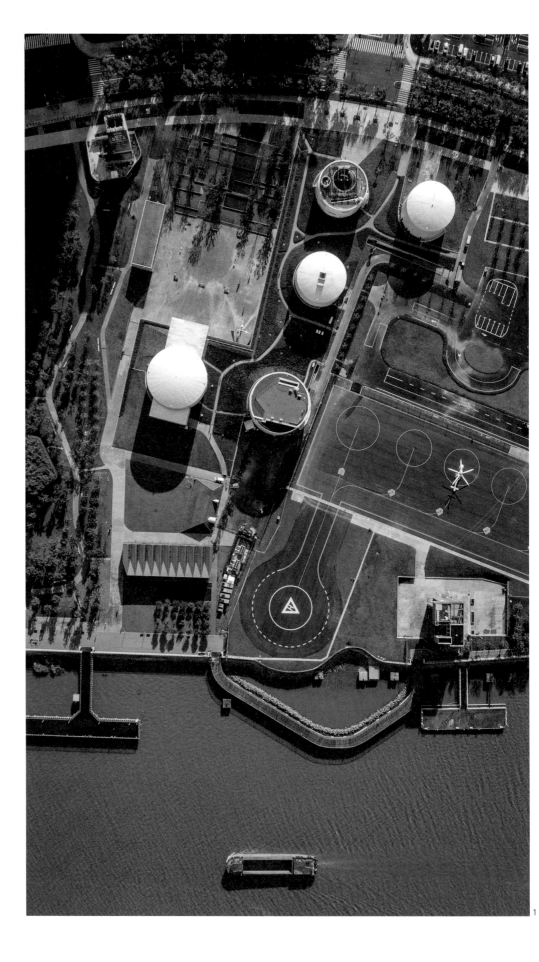

1

9
广场水景
〔一勺景观／摄〕

10
草坪广场
〔吴清山／摄〕

11
中心庭院营造的都市森林
〔一勺景观／摄〕

12
油罐公园鸟瞰
〔吴清山／摄〕

13
油罐公园鸟瞰
〔一勺景观／摄〕

14
中心庭院超级地面
〔田方方／摄〕

15
4 号罐展厅
〔吴清山／摄〕

13

15

杨浦区一直是上海工业发展的关键区域，也是新世纪以来产业转型的重点。
2014年开始，杨浦区配合上海市政府有关黄浦江两岸公共空间贯通的决策，以原国棉九厂厂部办公楼的修缮利用为起点，
将杨浦滨江关停厂区5.5千米岸线改造为公共空间，从对工业遗存全面的甄别、保留与改造，到现代技术与材料的探索，
再到水岸生态系统的修复、基础设施的复合化利用与景观化提升，最终拉开了城市腹地复兴的序幕，
为既有城市滨水工业区的转型提供了有借鉴意义的经验。

Yangpu Riverfront Public Space

杨浦滨江公共空间

历史建筑修缮作为工业区改造起点

公共空间贯通

城市区域环境提升

现在名称／杨浦滨江公共空间
曾用名称／怡和纱厂、国棉九厂、杨树浦水厂、杨树浦发电厂、上海船厂修船分厂
地址／上海市杨浦区杨树浦路以南、秦皇岛路以东、定海路以西
建成年代／19世纪末到20世纪初
保护类别／国棉九厂厂部办公楼为上海市第五批优秀历史建筑（2015年），三类保护
修缮时间／2014—2015年（国棉九厂厂部办公楼修缮）；2015—2019年（杨浦滨江改造）
设计单位／同济大学建筑设计研究院（集团）有限公司，大观建筑设计事务所，
致正建筑工作室，刘宇扬建筑事务所，上海创盟国际建筑设计有限公司，大舍建筑设计事务所，上海优德达城
市设计咨询有限公司，上海市政工程设计研究总院（集团）有限公司，上海市城市建设设计研究总院（集团）
有限公司，中交上海港湾工程设计研究院有限公司，中交水运规划设计院有限公司，中建国际建设有限公司等

杨浦滨江公共空间鸟瞰　章勇／摄

1
杨浦滨江示范段
[章勇／摄]

工业遗产与
当代公共生活的融合

　　杨浦滨江公共空间设计一方面着眼于将封闭的生产岸线转变为开放共享的生活岸线，另一方面努力挖掘与呈现原有工业区的文脉底蕴，从而将工业区原有的特色空间和场所特质重新融入城市生活之中。

　　为了塑造生活岸线、实现《黄浦江两岸地区公共空间建设三年行动计划（2015年—2017年）》中提出的黄浦江两岸公共空间45千米贯通工程，设计首先在杨浦滨江南段5.5千米连续不间断的工业遗存博览带上植入"三道"交织活力带和原生景观体验带——漫步道、慢跑道和骑行道，贯通道路上的六个断点，通过水上栈桥、架空通廊、码头建筑顶部穿越、景观连桥等四种方案予以实现。

　　同时，挖掘原有工业厂区的特色，结合上海船厂修船分厂、上海杨树浦水厂、上海第一毛条厂、上海烟草厂、上海电站辅机专业设计制造厂、上海杨树浦煤气厂、上海杨树浦发电厂、上海十七棉纺织厂和定海桥自身的空间条件，形成九段各具特色的公共空间：以船厂中200多米长的船坞和塔吊群为起点，两个船坞联动开发使用，大船坞为室外剧场，小船坞为剧场前厅与展示馆，船坞的西侧和东侧分别设置广场与大草坪，可举办各种类型的室外演艺活动。

　　中段以烟草公司、上海化工厂为主形成三组楔形绿地向城市延伸，形成带状发展、指状渗透的空间结构。丹东路码头北侧的楔形绿地中，结合江浦路越江隧道风塔设计了滨江观光平台；在安浦路跨越杨树浦港处设计了造型优美的双向曲线变截面钢桁架景观桥，连接两岸景观并通过桥下通道连接北侧楔形绿地和兰州

2
杨浦滨江水厂栈桥
3
杨浦滨江水厂栈桥
4
杨浦滨江人人屋
〔本页图均由章勇拍摄〕

路；在宽甸路旁的楔形绿地中保留了烟草公司仓库的主梁结构，通过减量处理形成绿色山丘，连接安浦路前后两块绿地，形成公共开放的绝佳望江平台；借助杨浦大桥形成工业博览园，以电站辅机厂两座极具历史价值的厂房为核心，通过改建更新，拟建设工业博览馆，将大桥下的空旷场地改造为工业主题公园，同工业博览园相呼应，形成内外连通，共享互动的大规模工业博览中心。

最后，在黄浦江拐弯处、远东最大的火力发电厂，保留码头上的塔吊、灰罐、输煤栈道以及防汛墙后的水泵深坑，设计并植入塔吊吧、风洞舱、深坑攀岩等极限体验功能，使其成为黄浦江边新的亮点，也成为整个杨浦滨江南段的压轴。

基础设施建筑化：
水厂栈桥

杨浦滨江南段的杨树浦水厂外有一系列的生产和防护设施，这些设施一定程度上成为了杨浦滨江贯通工程中的最长断点。为了提供新的观赏江景和水厂历史建筑的双向角度，产生悬浮于江上的独一无二的漫游体验，设计对水厂外的基础设施进行了新的利用，在原有设施基础上叠加了公共栈桥。栈桥利用水厂外防撞桩作为下部基础结构，跨度在6~8米之间。因受到浚浦线的限制和水厂各类生产设施的影响，在全长535米的范围内栈桥的宽度不断发生变化，针对于此设计采用了相对普适的结构策略，桥体形态类似于江岸边首尾相连的趸船，将格构间距750毫米的钢格栅结构体轻盈地"搁置"在粗壮的基础设施结构上。栈桥结构的基本断面呈U形，依据宽度、景观朝

向、不同活动的差异发展成多种不同的断面：在桥面较宽的地方延伸单侧的扶手成为遮阳棚或休息亭；两个相邻U形的宽度变化产生了可停留的观景台；在最宽的地方设置了一个朝向江面的缓坡和江上小舞台；U形结构原型也会异化成为背靠背的座椅，利用座椅靠背的高度设置小乔木树池，解决了栈桥上种植绿化的难题，为人们提供了天然的遮阴空间。

生态系统的修复：
雨水花园

同样位于杨浦滨江南段的原怡和纱厂大班住宅区原本是一片低洼积水区，杂草丛生，但其流露出的原始生命力却提供了滨水生态系统修复的契机。设计运用低冲击开发和海绵城市等设计理念，保留了原本的地貌状态，形成可以汇集雨水的低洼湿地。池底不做封闭防渗水处理，使汇集的雨水可以自由地下渗到土地中，补充地下水，既解决了湿地紧邻大班住宅地势低、排水压力大的问题，也改善了区域内的水文系统，大雨时还能起到调蓄降水、滞缓雨水排入市政管网的作用。另外，通过设置水泵和灌溉系统，湿地中汇集的水还可用于整个景观场地的浇灌。在低洼湿地中配种原生水生植物和耐水乔木池杉，形成别具特色的景观环境。在雨水湿地中新建的钢结构廊桥体系轻盈地穿梭在池杉林之中，连接各个方向的路径，同时结合露台、凉亭、展示等功能形成悬置于湿地之上的多功能景观小品。不同长度的圆形钢管形成自由的高低跳跃之势，圆形钢梁随之呈对角布置，有意与钢板铺就的主路径脱离开来，在清晰表达建构方式和受力关系的同时凸显了钢结构自身的特征。傍晚时分，钢管顶部

的灯光点阵跳跃在湿地中的池杉林和芦苇丛间，轻介入的人造物与自然野趣相映成趣。

叠合的原真：
电厂遗迹公园

杨树浦发电厂1913年由英商投资建成，曾是"远东第一火力发电厂"，在大工业时代，其105米高的烟囱无疑是上海港的地标，江岸上的鹤嘴吊、输煤栈桥、传送带、净水池、湿灰储灰罐、干灰储灰罐等设施也令人印象深刻。基于这些特殊的场地遗存，电厂段在总体概念设计中被定位为电厂遗迹公园。

电厂段的工业遗迹整饬在深入了解原电厂工艺流程的基础上展开。供发电用的粉煤灰的传输路径，是从江边的鹤嘴吊、传送带经由输煤栈桥传导至后方的燃烧区。在介入场地时，输煤栈桥中靠近江岸的两座转运建筑连同一座办公楼已经拆除。为了显露出原先建构筑物在工艺流程中的定位，设计决定在已经拆除的建筑下方继续挖掘出基坑，形成三个供水生植物生长的池塘，保留原有基础与暴露的钢筋，周围场地略加整饬，构成遗迹广场的基本格局。在场地最西侧，利用挖掘出来的土方堆出一个小山丘，以维护池塘基坑的帽形钢板桩作为外部模板，于内侧浇筑混凝土形成设备间、厕所与凉亭，将从原址建筑中拆卸下来的煤斗上下倒置，覆盖于其中一方池塘之上，作为休憩凉亭之用。

码头上200米长的输煤栈桥被改造为可眺望江景的生态栈桥。将输煤传送带上半圆形的橡皮履带更换为通长的半圆形钢板，覆土并种植花草。利用码头上原有三座高大塔吊中的两座，采用下部挑梁支撑与上部悬索吊挂的方

5

6

9

式，将长 24 米、宽 6 米的钢板肋结构的玻璃咖啡吧悬置于江面之上。三个黄灰色相间、巨大而醒目的干灰储灰罐位于码头最东端，是电厂段的重要工业遗存。在拆除外围护结构后，原有下部混凝土结构和上部钢结构被分别加固，在中部形成一个平坦开阔的功能间层，为日后的功能拓展留下伏笔。三个灰罐中的两个经过层面重新划分后作为展示空间，另一个则设置了盘旋而上的坡道，兼具交通和展示功能。罐体的外部界面虽全部置换为新的构造，却依然保持黄灰色相间的金属立面特征。

原电厂工艺流程中的一组储水、净水装置如今在现有场地上仅剩两个圆形的基坑。设计保留其中一处基坑作为景观水池，另一处改造为净水池咖啡厅。轻薄的混凝土劈锥拱覆盖于原有净水池上方，以点式细柱落在原基坑圆形

基础的外圈，内部的穹顶在顶部留有直径 6 米的洞口，不仅引入自然光，也将电厂标志性的 105 米烟囱展露出来。坐在下凹式的净水池咖啡厅中，既能透过拱间的开口瞥见基坑水塘的一方静水，又能望见远处码头上高耸的橙红色塔吊。咖啡厅不远处是电厂用以储水的深坑并附有一组复杂的装置：覆盖平台、四组水泵管、四个锚固盖。改造首先将储水坑上盖平台拆除，清理储水深坑和管道坑，整饬为深坑攀岩场地，四个锚固盖作为攀岩坑的服务点被置于坑口；将四根水泵管的外管与管芯分离，两两一组分布于整个电厂段主要路径转折处，标示出空间布局又指示出行进方向，并成为电厂段具有工业特征的标志物。

电厂段的改造中，不同时期的人工痕迹无差别的并置状态表达了对叠合的历史的回应。

历史的原真性不再以一种封闭的法则或系统呈现，而是在充分尊重原始状态的基础上承认并接受不断叠加的历史过程。

历史建筑修缮
作为工业区改造的指挥部

上海杨浦区杨树浦路以南曾经是厂区鳞次栉比的工业区，这里有中国第一个机器造纸厂、第一座现代化水厂、最早由外商投资建造的怡和纱厂、作为黄浦江入港标志的杨树浦发电厂等，使得杨浦滨江成为 20 世纪上半叶中国最大的工业基地。然而，随着新时代经济发展结构的调整，杨浦区的工业厂区逐渐跟不上时代脚步，于 20 世纪 90 年代逐渐关停，滨江沦为一片废墟。进入 21 世纪，上海

市政府启动黄浦江两岸转型，2014 年更是提出了《黄浦江两岸地区公共空间建设三年行动计划（2015 年—2017 年）》，计划用三年时间实现黄浦江核心地区 45 千米岸线公共空间的贯通。在这一指导思想下，坐落于杨树浦路 2086 号的原国棉九厂厂部办公楼被选中，作为滨江改造的开始。

办公楼建于 1922 年，最早是日商上海纺织株式会社的办公用房，平面对称，长方形的三层主体建筑两边是圆弧状的二层辅楼，砖混结构，面向街道的北立面为古典风格，以水刷石和红砖交织砌筑，南立面上则有开敞的铁艺栏杆阳台。修缮进行了结构加固、立面修复和设备更新。立面修复以历史照片、保存图纸和现状建筑遗存为依据，复建了东西两侧圆弧形辅楼；对清水红砖和水刷石装饰进行清洗和修

补；针对南立面上缺损的走廊，修缮设计在研究 20 世纪 10—20 年代上海挑廊建筑的基础上，给出了一个折中的复原方案。设备更新则利用原先的壁炉内空间隐藏机电管线，在满足现在使用需求的前提下也保留了原先的室内格局。精心修缮后的办公楼作为杨浦滨江改造指挥部，一定程度上奠定了杨浦滨江公共空间以甄别、保留与改造工业遗产为主的价值取向。

9　10
杨浦滨江电厂段净水池
咖啡厅
11　12　13
杨树浦路 2086 号修缮后
室内、壁炉和北立面
［本页图均由章勇拍摄］

213

上海总商会大楼曾经是上海总商会商议要务的场所，见证了上海民族资本的兴衰。
其长达五年的修缮被建筑师详尽地加以记录，通过图像和文字，修缮行为成为一种媒介，
使得普通人有机会理解修复过程的繁复，也使修缮的理念从冷门的专业知识变为大众乐于分享的信息。

Shanghai General Chamber of Commerce

上海总商会大楼

修缮过程记录

抗战历史纪念

苏河湾复兴

现在名称／上海宝格丽酒店
曾用名称／上海总商会大楼
建筑地址／上海市静安区北苏州路470号
建成年代／1913—1916年
原建筑师／通和洋行
保护类别／上海市第三批优秀历史建筑（1999年），三类保护
修缮时间／2012—2017年
设计单位／上海都市再生实业有限公司

上海总商会大楼鸟瞰　章勇／摄

上海总商会：
长达五年的修缮过程记录

1902年上海商业会议公所成立，两年后改组为上海商务总会，1912年上海总商会正式成立时，已完全形成了由总理、协理和董事组成的民主制度。上海总商会寻得原清朝出使大臣行辕所在、临近天后宫的一块地皮，兴建办公、集会大楼，设计师为通和洋行。通和洋行是开埠以后沪上最早的设计单位之一，代表作有大北电报公司大楼、永年人寿保险公司、东方汇理银行大楼等。上海总商会历经多次改组，由传统封建组织转变为民主制度机构，由此亦可见商会大楼新古典主义风格的选择绝非偶然，而是表达了民族资本企图以接轨西方振兴中华的强烈愿望。

建筑南立面为其主立面，主入口比地面高12英尺（1英尺=0.3048米），以东西向大台阶为标志，立面横向分为三段，半地下一层，地上两层。竖向分为五段，主入口占据三跨，东西尽端各占据两跨，均以三角形山花收束，中间两段各三跨，以宝瓶栏杆收束。五段以贯通两层的壁柱相隔，壁柱之间有横向带饰与跨中窗楣饰相连，窗楣为间隔的半圆形和三角形山花，这些都是文艺复兴建筑的特点。整个立面使用人造石和清水红砖材料，是开埠后外廊式红砖建筑向花岗岩古典建筑转型的例证。建筑内部平面不规则，遵循实际功用而非古典形制。一层由一个L形的服务空间（包括门厅两旁的更衣室，以及东侧的8间委员办公室）和82英尺×60英尺的长方形议事大厅组成，但议事大厅和办公室加起来的面宽却小于正立面，使得整个建筑在西侧体量后退。议事厅通高两层，上方是一个跨度60英

尺的拱形钢构屋顶，在两侧和后方同样由钢构的牛腿支撑着楼座，可容纳800余人。总商会大楼的设计同时突显了商会这一机构注重实用和讲究气派的双重特性。

中华人民共和国成立后，上海总商会大楼先后由上海联合灯泡厂、电子管三厂及电子元件研究所等单位使用。其间，周边的辅助用房遭到了拆除，原先的红砖围墙被混凝土覆盖，主体建筑加建了一层。其使用功能历经多次改变，后又被闲置多年，建筑外立面和内部结构已遭到不同程度的破坏，使得建筑整体破败，南侧不远处的门楼附近杂草丛生，周边环境风貌不存。但是，总商会大楼和门楼的总体形态和部分立面装饰保存尚可，又鉴于其历史悠久、建筑形式独具特色，因此，通过科学合理的修缮恢复其历史风貌具有重要意义。

2012年，荒废多年的总商会大楼启动修缮工程。保护范围划定为原先总商会大楼所在的地块，包括总商会大楼、门楼以及两段围墙。修缮中最重要的一步是将加建的楼层拆除，按照历史样式、坡度、高度、屋面瓦尺寸及色彩恢复原有的山墙和坡屋顶。对于原先建筑檐口线以上山墙部分的复原，难点在于山墙高度的确定和山墙宽度的矫正。前者以透视法求得，将老照片中山墙面看作与檐口下部主立面在同一平面上，通过丈量主立面的高度推算山墙面的高度。后者则通过仔细比较老照片中山墙面与下方主立面的宽度进行推测，得出二者约有半匹砖的差值。坡屋面形式及屋面高度复原也采用老照片比对和3D建模校核的方式进行，尽量恢复建筑的历史原貌。

此外，建筑的外立面修缮也是此次修缮工程的重点，修缮单位对建筑清水红砖外墙进行现状评估和病理分析，发现外墙的损坏主要是

1
上海总商会大楼历史照片1
〔上海市历史建筑保护事务中心
／提供〕

2
上海总商会大楼历史照片2
〔上海市历史建筑保护事务中心
／提供〕

3
修缮后上海总商会大楼鸟瞰
〔章勇／摄〕

受潮和风化产生的泛碱、裂缝，以及物理破损。根据外墙不同受损程度，团队采用了多项修缮技术，对外立面的红砖进行了砖面修补、表面增强、勾缝修补、泛碱处理、拼色处理、憎水处理等多个专项工艺的研究和实验，保留了原来的建筑特色。

修缮团队也对室内空间进行了修缮，例如大楼梯的木质栏杆和地板修复，以及对公共区域地面的马赛克拼花重新进行了人工铺设。原来的议事大厅也进行了维护和翻新，成为了新的宴会场所，可以用于承办宴会、婚礼和大型会议等活动。

难能可贵的是，与以往修缮项目的操作不同，负责总商会修缮工程的建筑师将长达五年的修缮过程以日记的方式记录下来：施工队何时介入，木地板、水刷石、水磨石、马赛克、石膏吊顶等不同材料如何修缮，何时何地又在修缮过程中挖掘出原建筑的老构件，效果不理想返工等事件和技术性操作，等等。修缮单位遵循着原件原样修复的原则进行修缮，通过图像和文字记录将修缮步骤、技术难点、改造特色清晰地传递给普罗大众，使冷门的专业知识变得更为平易近人，促进了历史建筑保护理念的传播。同时，此次修缮理念以"充分恢复建筑原始风貌"为基础，对原有建筑进行了最大程度的复原，用新的修缮技术延续了原建筑特色，做到了材质、颜色、形式的完全如旧。这样的修缮理念和完整的修缮记录，为总商会大楼的后续保护和维护作了铺垫，下一轮大修时即可知道上一轮作出了哪些改动，也有利于今后的建筑价值判断。

4
修缮后上海总商会大楼外立面
[上海都市再生实业有限公司／
提供]

5
上海总商会大楼原始外立面图
[上海市历史建筑保护事务中心
／提供]

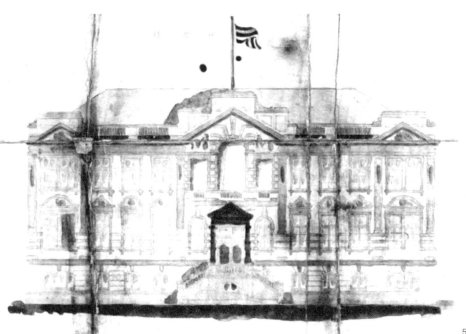

5

6
修缮后上海总商会大楼入口大厅
7
修缮后上海总商会大楼休息房
8
修缮后上海总商会大楼餐厅包房
9
修缮后上海总商会大楼楼梯
10
修缮前的宴会厅历史照片
11
修缮后的宴会厅
[本页图均由上海都市再生实业
有限公司提供]

曾经作为第二次淞沪抗战战场的四行仓库承载了上海悲壮的抗战记忆，通过复原西墙上的炮弹洞口，这一记忆得以持续传承。
总商会大楼和四行仓库的修缮一方面呈现了近年来对于历史建筑修缮的新思考，
另一方面位于苏州河中段的两座建筑遥相呼应，开启了苏河湾地区的复兴之路。 章勇／摄

Joint Savings Bank Warehouse

四行仓库

修缮过程记录

抗战历史纪念

苏河湾复兴

现在名称／上海四行仓库抗战纪念馆
曾用名称／四行仓库
建筑地址／上海市静安区光复路21号
建成年代／1935年
原建筑师／通和洋行
保护类别／上海市第二批优秀历史建筑（1994年），四类保护
修缮时间／2014—2016年
设计单位／上海建筑设计研究院有限公司

四行仓库鸟瞰　章勇／摄

四行仓库：
凝固在西墙上的抗战历史

20世纪20—30年代，上海经济繁荣，民族资本兴盛。为打破外资银行对各种业务的垄断，一些目光长远的华资银行开始联合营业。盐业银行、金城银行、中南银行、大陆银行四家于1923年年初开始抱团发展，成为"北四行"，业务迅速扩展，遍及大江南北，并在上海的黄金地段建造了几栋非常重要的建筑，包括四川中路的四行储蓄会联合大楼、南京西路上由邬达克设计的四行储蓄会大楼（今国际饭店）等，成为民族金融业发展的见证。位于苏州河北岸的四行仓库是北四行存放物资的重要建筑。

四行仓库建于1935年，东临大陆银行的仓库，由通和洋行设计，所在的光复路周边均是银行、商号的仓储用地。仓库高五层，采用先进的无梁楼盖钢筋混凝土结构，柱距均等，以获得标准化的存放面积和最大净高。中间为交通廊，可与大陆银行连通，两侧为大进深仓库。考虑到仓库类建筑以实用为目标，四行仓库的设计基本为现代风格，南立面是均等划分的格子窗，仅在壁柱顶部、女儿墙、主入口等位置饰有简化的装饰艺术风格图案，红砖外墙，面层粉刷，窗间墙亦用粉刷勾勒为方框。

1937年，四行仓库建成仅仅两年之后，上海发生了著名的第二次淞沪会战，国民党88师524团团副谢晋元带领400余名战士死守四行仓库，以掩护主力部队向西撤退。这次战争空前惨烈，轰动全国。战争中，敌人用密集的炮火击穿了仓库西墙的上部，仓库却屹立不倒，足见其建设质量之佳。仓库本身也在战争之后成为上海悲壮抗战记忆的物质载体。

1949年后，四行仓库仍用于仓储，20世纪80年代后曾一度改造为商场，外立面多次粉刷，室内格局更改，屋面加建时拆除了女儿墙，西墙外搭建了多层厂房，原先的面貌已难以辨认。

即便如此，无论是官方还是民间，都在反复确认四行仓库所承载的抗战记忆。1985年，正值抗战胜利四十周年，四行仓库被宣布为抗日战争纪念地。20世纪90年代，百联集团在此设立"八百壮士英勇抗日事迹陈列室"，四行仓库也于1994年成为上海市优秀历史建筑。2014年，四行仓库成为上海市文物保护单位，

修缮工程也拉开了帷幕，难点落在了复现西墙抗战痕迹上——历年的叠加早已使建筑原貌不再，更遑论弹药痕迹。在经历了反复讨论、现场剥除和十余轮方案比对之后，在五层粉刷背后找到了原先的外墙立面。将战争发生后西墙的历史照片与实际立面进行比对，首先将弹孔痕迹和破坏类型分为五类：穿透性的孔洞破坏、未穿透的孔洞痕迹、抹灰层震落裸露出结构框架、梁架结构暴露与一般墙面损坏；然后针对不同类型采用具体的复原方法：修复穿透性孔洞并内衬深色玻璃、保留弹孔凹坑并在内侧封砖墙、保持暴露的梁架体系并进行结构加固，

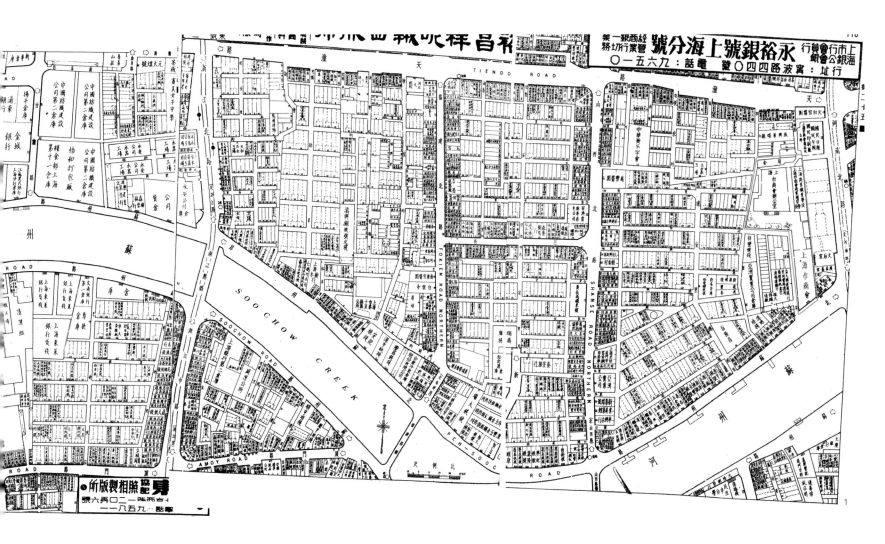

1
上海总商会大楼和四行仓库所在的
苏河湾优秀历史建筑带
[上海联创建筑设计有限公司／提供]

2
淞沪抗战后四行仓库西立面弹药痕迹
[四行仓库纪念馆／提供]

3
四行仓库夜景鸟瞰
〔上海市历史建筑保护事务中
心／提供〕

3

以及修复抹灰与砖墙面。修缮后的四行仓库以其"千疮百孔"的西墙面，铭记着那段悲壮的历史。

点状历史建筑修缮
开启苏河湾复兴之路

上海开埠以后，大批洋行纷纷抢滩黄浦江，至 20 世纪 30 年代，江边已发展为洋行总部办公、营业的场所，而库房多建设在土地尚未完全开发、地价较为低廉同时水运交通便捷的苏州河两岸。华商也多在苏州河沿岸设立工厂、仓库，方便将货物通过江苏、浙江运往其他内陆地区。其时，苏州河两岸旗帜招招，一片蓬勃。1949 年后，苏州河工业带依旧作为重要的国民经济支柱进行生产。然而，随着 20 世纪 90 年代上海产业结构调整和转型，两岸的工厂逐渐关停并转，迁往他处，这一地区后续发展无力，加上滨水腹地多为旧式里弄等品质较差的居住区，衰败之迹愈显。

近年来，上海开始调整发展策略，使城市重心重回"一江一河"，并致力于打开河岸，调整城市进一步的发展。总商会大楼和四行仓库的修缮正是处于这一背景下。这两座建筑虽然建成年代不同，功能各异，但均是中国近代工商业发展的成果，诉说了苏州河的发展历程。决策者充分意识到通过挖掘它们身上的历史文化价值，来塑造滨河公共空间、拉动苏河湾城市复兴的重要性。

总商会大楼的修缮采用了相对传统的社会资本开发模式，通过许诺社会资本进行较高回报率的商业开发（宝格丽酒店的建设），实现了对总商会大楼的活化利用，打开了苏州河河南中路桥头区域，与桥东侧建于 1936 年的河

滨大楼相呼应，与后方天潼路地铁站周边商业广场的建设形成联动。四行仓库的修缮本身则为政府投入，改造后的抗战纪念馆、晋元纪念广场和屋顶平台均为周边提供了公共空间，同时在西藏北路桥以东就势开发四行天地商办综合体。这两栋建筑一前一后的修缮工程除了具有保留城市历史文化的意义，更重要的是通过点状历史建筑，塑造了面向苏州河的界面，带动了周边地块的开发，从而开启了苏河湾复兴之路。

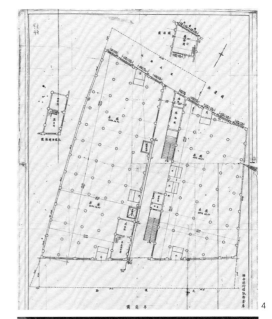

4
四行仓库原始平面图
5
修缮后四行仓库西立面
6
修缮后四行仓库沿苏州河立面
7
四行仓库西立面修复图
8
四行仓库西北角
9
四行仓库内部的交通空间
〔本页图均由邹勋提供〕

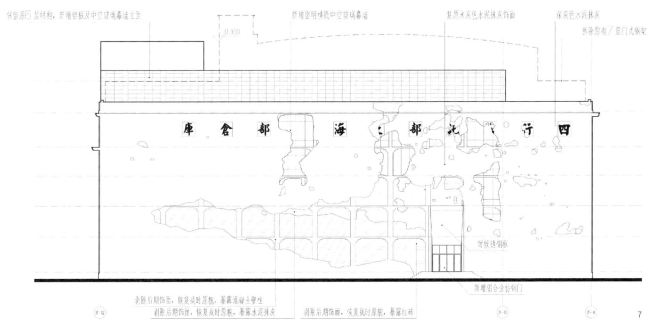

保留原6层结构，新增铝板及中空玻璃幕墙立面　　　　　新增竖明横隐中空玻璃幕墙　　　复原米灰色水泥抹灰饰面　　　深灰色水泥抹灰

拆除原有7层门头钢架

剥除后期饰面，恢复战时原貌，暴露混凝土壁生
剥除后期饰面，恢复战时原貌，暴露水泥抹灰　　剥除后期饰面，恢复战时原貌，暴露红砖

7

8

9

华东政法大学长宁校区位于原上海圣约翰大学旧址，校园被苏州河环抱，是惠园路历史文化风貌保护区的一部分。
校园完整地保留了圣约翰大学各个历史时期的空间格局，其中27座历史建筑被列为全国重点文物保护单位。
2017年，在上海市文物局的支持下，华东政法大学完成了对校园内格致楼"恢复原貌、修旧如旧"的修缮工程。
2019年起，校园苏州河沿岸公共空间逐步实现贯通。至2021年，原本分隔校园与河滨步道的围栏全部被拆除，
苏州河华东政法大学段滨河步道对公众正式开放，成为校园优秀历史建筑与城市公共滨水空间结合的独特范例。

East China University of Political Science and Law

华东政法大学

公共空间贯通

修旧如旧

圣约翰大学

滨水景观

现用名称／华东政法大学长宁校区
曾用名称／圣约翰大学
建筑地址／上海市万航渡路1575号
建成年代／1879年
原建筑师／通和洋行、爱尔德洋行
保护类别／上海市第二批优秀历史建筑（1994年），二类保护；第八批全国重点文物保护单位（2019年）
修缮时间／2014—2019年
设计单位／上海同济城市规划设计研究院有限公司，上海东亚联合建筑设计（集团）有限公司，
上海明悦建筑设计事务所，上海安墨吉建筑规划设计有限公司

华东政法大学长宁校区鸟瞰　章勇／摄

苏州河湾内的
百年校园

华东政法大学长宁校区位于上海市愚园路历史文化风貌保护区内，是苏州河畔历史建筑最集中的区域之一，独特的地理区位也使其成为上海唯一被苏州河环绕的高校。1879 年上海最早的教会大学之一圣约翰大学创设于此，1952 年院系调整后原址归华东政法学院使用。其各个历史时期的空间格局以及校园内 27 座历史建筑保留至今，这些历史建筑大多已历经一个世纪的沧桑。

1994 年，校园内的六栋建筑——怀施堂、科学馆（格致室）、思颜堂、思孟堂、西门堂、校政厅被公布为上海市第二批优秀历史建筑。怀施堂建于 1895 年，其四方的合院形式、西式圆拱外廊以及四角起翘的歇山式屋顶，使之成为中国教会大学建筑中最早出现的中西合璧式建筑。继怀施堂之后，格致室、思颜堂和思孟堂均采用了中式屋顶的设计，而到了思颜堂，合院已演变为半围合式。

2014 年圣约翰大学历史建筑群被列为上海市级文物保护单位，上海同济城市规划设计研究院对其进行了历史研究和保护规划，本着原真性和整体性的保护原则，确立了校园总体保护规划和分项指标，为校园后续发展和文物保护提供了依据。2017 年，校园内地标性建筑格致楼进行了历时 10 个月的修缮。

自 2018 年起，上海启动实施苏州河环境综合整治四期工程，逐步实现苏州河两岸公共空间的贯通。到 2019 年，苏州河华政段实现第一次贯通。贯通之初，这是一段最窄处仅约 1.5 米的带状景观步道，且步道与校园之间仍用围栏进行安全隔断。同年圣约翰大学近代

建筑群被列入第八批全国重点文物保护单位名单。

2021 年，华东政法大学长宁校区拆除了围墙，面向公众全面开放，实现了公共空间岸线贯通向沿岸地区的辐射。为了为滨河开放空间提供更加通透、美观的视野，学校拆除了十余处后期建设的生活建筑，打造"一带十点"特色人文景观。优化提升后的滨河公共空间面积增加了 1.86 万平方米，达到 2.1 万平方米，其中最窄处约 4.5 米，最宽处约 98 米。在落实必要措施的前提下，市民可进校参观 27 处中西合璧的近代历史文物建筑，享受沿河优雅的人文空间，其中有两座建筑作为展示馆向公众开放。滨河设计充分利用现有资源，将校园与滨河步道相结合，通过凸显建筑风貌、激活人文空间和保障界面安全的设计理念，对原有狭窄且景观单一的滨河步道进行重新布置，打造了全新的"校园景观—共享空间—滨河步廊"公共空间模式。

"不改变文物原状"原则：
格致楼修缮复原

格致室（也称科学馆，现格致楼）建于 1899 年，是圣约翰大学的主要建筑之一。建筑占地 930 平方米，共 60 间房间，为三层砖木结构，与怀施堂均为（殖民地）外廊式风格，南墙为西式城堡风格，楼顶则采用中式飞檐。在院系调整后，格致楼曾被用作华东政法学院的综合办公楼。2017 年，在上海市文物局的支持下，华东政法大学启动了对格致楼"恢复原貌、修旧如旧"的修缮工程。本次修缮复原是圣约翰大学历史建筑群里首个完全按照文物保护法"不改变文物原状"原则进行的

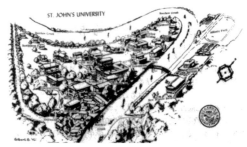

1
圣约翰大学校园历史鸟瞰图
〔耶鲁大学存档〕
2
怀施堂历史照片
〔上海东亚联合建筑设计
（集团）有限公司／提供〕
3
怀施堂鸟瞰
〔章勇／摄〕
4
怀施堂建筑外立面
〔章勇／摄〕

实例。

格致楼因经过了多次改造，文物风貌变化较大：建筑高翘的屋角不复存在；外墙原有的清水墙面被水泥砂浆覆盖；一至三层的外廊均被封堵；室内被分隔以致通高中庭消失，等等。为真实复原其历史原貌，修缮单位依照历史照片并对校园现存其他历史建筑原状进行了仔细考证，怀施堂（现韬奋楼）成为格致楼修缮过程中的重要参照标准。

为了恢复建筑原有的屋角，修缮团队参考了书籍中的老照片和校园内其他老建筑，制作了多款不同形式的屋脊戗角，并等比制作了实物样板。经由专家的确认后，最终建成了与同一时期的建筑怀施堂一致的屋角形式，以此恢复了屋脊的飞檐翘角。整个屋面也进行了翻修，升起式小屋面、屋脊戗角、檐口平顶和排水系统都得到修复，再现了传统的中式屋面风貌。

在此次修缮前，格致楼原始的清水砖墙被水泥砂浆覆盖，表面用红色和灰色涂料"描画"了砖缝效果。这种不当修缮使清水砖墙无法"呼吸"，导致表面粉刷起壳、涂料脱落。在修复小样得到文物局专家认可后，经过凿除、脱漆、清洗、打磨等一系列传统工序，格致楼外立面和外廊内部传统的元宝缝形式的清水墙面得以全面恢复。

格致楼之前因教学用房紧张，曾将外廊封堵分隔成办公用房。本次修缮恢复了一层外廊原貌作为通廊。在初始设计中，格致楼的外廊窗下护栏原本采用墙体砌筑，参照怀施堂木质护栏样式后，恢复实木护栏以及同框一体的做法，还原了内侧玻璃木门和外侧百叶门的外廊木门设计。原贯通中庭在二三层楼面的洞口被木楼盖封堵，修缮考虑使用需求，维持了现状

楼盖，但拆除了空间中的分隔，使每层形成一个大型空间，为各类交流活动提供场地。中庭屋面的屋架全部原物、原样保留，仅对损坏的构件进行了修缮，在变形下挠的屋架下部采用了钢拉杆加固。屋架表面经过脱漆呈现了木材的本色，还全面恢复了中庭四周的清水砖墙墙面，使中庭屋面的本来面貌原汁原味地展现了出来。

通过此次保护修缮，格致楼恢复了飞檐翘角、清水砖墙外貌，重现了原有中庭、外廊、木质门窗，百年老建筑的历史与艺术价值被重新发掘出来，焕发了新活力。格致楼的修缮工程为今后圣约翰大学历史建筑群的保护修缮工程确立了新的标杆，也为近代中国教会学校及早期中西合璧风格文物建筑的保护修复实践提供了范例。

5

6

5
格致楼修缮后外观
〔章勇／摄〕
6
修缮后的格致楼室内楼梯细节
〔上海东亚联合建筑设计（集团）有限公司／提供〕
7
格致楼沿苏州河界面
〔章勇／摄〕

8
历史建筑群融入苏州河华政
段滨水公共空间
［章勇／摄］
9　10　11　12
校区内历史建筑群 30—35
号楼、29 号楼、28 号楼、
25 号楼
［章勇／摄］

第三章

Integrity, Innovation and Overcoming Difficulties

The Practice of Style Protection in Shanghai's Urban Renovation

守正、创新、克难

上海城市更新中的风貌保护实践 240

07

Urban Historic Fabric and Cultural Accumulation

城市历史肌理与
文化积淀

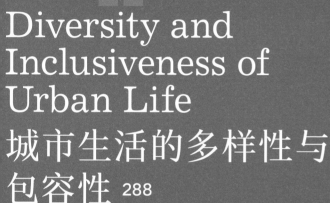

08

Diversity and Inclusiveness of Urban Life

城市生活的多样性与
包容性

09

Adaptation and Responsiveness of Urban Environment

城市环境的应变性与
回应性

Integrity, Innovation and Overcoming Difficulties
The Practice of Style Protection in Shanghai's Urban Renovation

守正、创新、克难
上海城市更新中的风貌保护实践

邹勋　ZOU Xun

上海建筑设计研究院有限公司副总建筑师、城市更新院院长

城市更新的背景概述

生产生活方式的持续进步激发城市更新

第一次工业革命时期，劳动力集中的工厂生产方式，电力、排水等市政设施的建设方式，以及以火车、汽车为主的交通方式等多方面的技术变革，造就了现代城市[1]。这些城市有的是新城，有的是在老城框架基础上历经"大灾、大疫、大建设"后更新而成，如现代的英国伦敦。20世纪中叶，出现了保留老城另辟新城的发展模式，如巴黎在老城区一侧建设拉德芳斯（La Defense）新城。近年来，随着城市规划理论的持续发展，特别是简·雅各布斯、柯林·罗等提出了对现代主义城市理论的一系列反思，当前主流城市发展理论更倾向于保留城市丰富性的"拼贴城

市"——在城市上建造城市，利用城市更新作为手段实现新旧融合、协同发展。

中国近 40 年的快速城市化

近 40 年来，中国开启了快速城市化进程，大量农田、山地转变为建设城区，在农田上规划新城区的做法已司空见惯。当下的建设必然配以当下最经济的建筑材料、最匹配需求的交通设施、最适宜的市政条件，这就形成城市新区高度相似的建设"年轮"。

与此同时，北京、上海、南京、青岛、天津、武汉等城市仍保存着较大比例的历史街区，面临着"在城市中建设城市"的问题。上海实践在此类城市更新过程中具有代表性——多年来在大量新城区建设之外，仍保留了较多能够反映不同时期建设面貌的历史街区。当然，更新过程中也出现了拆除历史建筑、破坏街区风貌

的"建设性破坏"等情况，值得反思。

上海率先进入城市更新阶段

上海的城市面貌一直是在更新中逐步形成的，这反映了城市由内而外自然生长的过程。城市逐步生长的印迹常见于城市空间中。譬如外滩建筑群历经 3 次大规模建设更迭而形成；又如上海人民广场（原跑马总会）周边，生动展现了 1920—1935 年和 1995—2010 年上海"两个 15年"的建设成就（图 1a、1b）[2]。这些都充分说明上海以往城市发展的特点就是"拼贴城市""有机生长"，未来上海的建设也应以这种方式继续推进。另一方面，随着城市产业集聚、人口集中，城市生长扩张的内生需求也一直存在。

在近年来新一轮城市发展中，如何处理好城市风貌保护和城市有机生长两者之间的关系，是上海作为国家历史文化名城

1 　祖嘉合，梁雪影. 工业文明 / 欧洲文明的历程丛书 [M]. 北京：华夏出版社，2000: 46.
2 　常青. 大都会从这里开始：上海南京路外滩段研究 [M]. 上海：同济大学出版社，2005: 6.

1a
1930 年代跑马总会
（现人民广场）周边
〔上海市历史博物馆／
提供〕

1b
2020 年代人民广场
周边建筑群
〔宋斌／摄〕

1a　　　　　　　　　　　　　　　　　　　　　　1b

所面临的重要挑战。

　　本文将梳理上海城市更新中与城市风貌保护有关的三类更新实践——建筑遗产保护、工业厂区更新、历史住区更新，结合国内与国际经验提出技术建议，以期为后续实施城市更新提供参考。

守正：
城市更新中的建筑遗产

建筑遗产是城市更新的底线

　　建筑遗产是指纳入法定保护对象的建筑，如文物建筑、优秀历史建筑。它们按照《中华人民共和国文物保护法》和各地方政府的相关条例（如《上海市历史风貌区和优秀历史建筑保护条例》）等法律法规框架来进行保护。

　　这些建筑遗产是人类活动最重要的物质文化遗存，也是各个历史时期社会、经济、文化等要素的集中物化体现。它们在城市体量中占比较小，不会对当代城市空间发展构成阻碍。这些建筑物是城市更新过程中城市记忆的底线，也是红线。

　　建筑遗产和可移动文物不同，既要坚决保护其价值，又需使其能得到持续的正确利用。利用应服从保护的需要，最终达到活化建筑遗产的目的。

　　战争、灾害、不当拆除、不适宜的再利用等都会破坏建筑遗产。因此，应当制定适宜的防灾措施、严格的保护制度、有效的周边建设审查机制，根据建筑遗产的不同价值确定保护重点，提出分级保护要求。

　　英国建立了称为登录建筑（Listed Building）的建筑遗产分级管理模式，依据不同保护价值明确提出了三种级别的保护要求[3]。这种分级保护思路，确保了建筑遗产得到适度利用。

上海建筑遗产保护历程：从保护迈向多元利用

　　上海自 1949 年起的建筑遗产保护实践可分为四个历史阶段。从保护到活化、从单一价值取向到多元价值取向，上海提供了当下仍具现实意义的实践经验。

　　20 世纪 50 年代初—80 年代中期，上海市以政府为主体对江南传统建筑（如豫园、龙华塔）、红色革命建筑（如中共一大会址）等进行了保护修缮。同时，组织上海市民用建筑设计院、同济大学等单位的专业人员对上海古代和近代历史建筑进行调查。

　　20 世纪 80 年代中期—90 年代末，上海率先认识到近代历史建筑的保护价值，市政府于 1991 年颁布《上海市优秀近代建筑保护管理办法》，初步建立了针对近代建筑遗产的保护制度。在这一阶段，完成的保护修缮代表项目有外滩浦东

3　张松.历史城市保护学导论——文化遗产和历史环境保护的一种整体性方法 [M].第 3 版.上海：同济大学出版社，2022: 158.

发展银行大楼（原汇丰银行大楼）等。

2000年—21世纪10年代中期，上海建立了较完善的风貌保护制度，涵盖优秀历史建筑（文物保护单位）、历史建筑、风貌保护道路、风貌保护河道、历史文化风貌区。建筑遗产再利用的主体更加多元，保护内容从单体修缮向片区复兴的方向转变。代表项目有外滩和平饭店、上海音乐厅、思南路花园洋房片区等的保护与再利用。

2015年，上海发布了《上海市城市更新实施办法》；2016年，上海公布了"风貌保护街坊"名单，进一步完善了城区的风貌保护机制；2017年，上海市委、市政府提出旧区改造方式由"拆改留并举，以拆除为主"，调整为"留改拆并举，以保留保护为主"，更加重视暂未纳入法定保护名单的历史建筑的保留保护。无论上海城市建设如何推进，被纳入保护名单的建筑遗产已经成为整个城市发展的底线，得到充分尊重和活化。如人民广场区域的原跑马总会文物建筑群，历经4次大型保护利用工程，先后承载了上海博物馆、上海图书馆、上海美术馆、上海市历史博物馆等文化功能，始终严守保护底线，将建筑遗产在活化利用中一代代传给后人。又如上生·新所，由开发商租用上海生物制品研究所的用地和建筑后，进行活化更新。

2

上海当前的历史建筑保护机制

"三驾马车"的政府管理体系

自 20 世纪 80 年代末到 21 世纪初，经过以罗小未、郑时龄、赵天佐、章明、伍江为首的一大批学者以及诸多管理人员的共同努力，上海市政府建立了"规划局、房管局、文物局"三驾马车的管理结构，对纳入法定保护名单的建筑遗产进行严格保护，零星的违法事件也得到及时依法处理。从实践结果来看，管理者、投资者、研究者和公众对该类建筑遗产的保护认知高度一致，建立了底线思维，管理体系的运转较为成功。

点线面结合的技术管控体系

上海业已形成的风貌保护体系不仅严格保护单体建筑，还设立了风貌保护道路与河道、历史风貌区与风貌保护街坊，以保护城市风貌，维持街道尺度，保留城市肌理。

共治共享的群众参与体系

与管理、技术体系的建立同步，上海市民与媒体在建筑遗产保护理念方面也达成了高度共识，形成了多个以"阅读建筑遗产"为主题的平台，包括以中英双语传播城市历史和文化的新媒体平台"Qiao Shanghai"、建筑遗产保护学术平台"保护者说"等，一方面形成了全民阅读历史建筑的氛围，另一方面也积极监督各种不当行为。市民与媒体合作，起到了民间"共治共享"的作用。

创新：
城市更新中的工业厂区更新

工业厂区更新是工业区转型后的区域复兴手段。德国鲁尔工业区、英国伦敦巴特西地区、美国纽约布鲁克林区（图 2）以及北京首钢园区的更新案例，都是工业锈带变身城市名片的典范。工业厂区更新，既解决了产业人口流失后带来的地区衰败问题，又利用原厂区建筑特点，植入新功能后形成新的活力区域，一举两得。工业厂区更新需要政府、投资商、周边居民、原厂区所有权人等各方达成高度共识，共同推动完成，若操作得当，将成为城市更新过程中的亮点。

目前，国内在实际推动中还面临多种问题，例如如何调动原厂区权利人化解既有劳资矛盾、如何确保原厂区权利人合理享有更新收益，等等。但硬币总有两面，原厂区土地多为划拨使用，土地目前的使用方多为国营企业，相比其他国外城市，这些体制特点为厂区更新带来较大优势。

上海工业厂区分类

上海的近现代工业厂区以弄堂工厂、中大型工厂、码头船坞三种类型为主，反映了上海工业发展的规律。

"遍布市井和街巷的弄堂与工厂的混合成为上海城市空间的一道旧式的风景线，再加上政策的变迁，在住宅区插建工厂也极为普遍。"[4] 弄堂工厂利用中心城区里逼仄的小空间，多夹杂在铺面、里弄、堆栈之间，一般进行轻工业生产，如杂酱厂、木材厂、棉纺厂、钢笔厂等。生产人员往往是工厂主及其家人，外加不多的雇佣帮手，如田子坊内的"天然味精厂""永明瓶盖厂"等（图 3）。

中大型工厂是根据产业发展需要，有计划地集中投资建设而成，其规模和影响往往领全国之先，如江南造船厂、上海电厂、上海钢铁厂（现宝山钢铁股份有限公司）等。

与航运相关的码头船坞，是港口城市典型的建筑遗存。在黄浦江、苏州河边大量设置的仓库和堆栈，是上海重要的血脉关节[5]，亦有部分设置在原淞沪铁路等重要交通枢纽沿线。浦东民生路附近的"民生码头"仓库群（旧称"蓝烟囱码头"）、苏州河沿岸的四行仓库等均属此类。

这三类工业厂区的更新各有特点和挑战。其中，中大型工厂和码头船坞因用地

---

4 郑时龄. 读《上海弄堂工厂的死与生》[J]. 时代建筑, 2013(2): 118.
5 邹勋. 大都会背后的"血脉关节"——上海近代仓库建筑保护利用设计研究 [J]. H+A 华建筑, 2020(8): 154.

3
上海田子坊所在街坊中华
人民共和国成立前里弄和
弄堂工厂的交织
〔底图为 1947 年行号图；
上海建筑设计研究院有限
公司／绘制〕

4
景德镇陶瓷工业遗产博
物馆
〔邹勋／摄〕

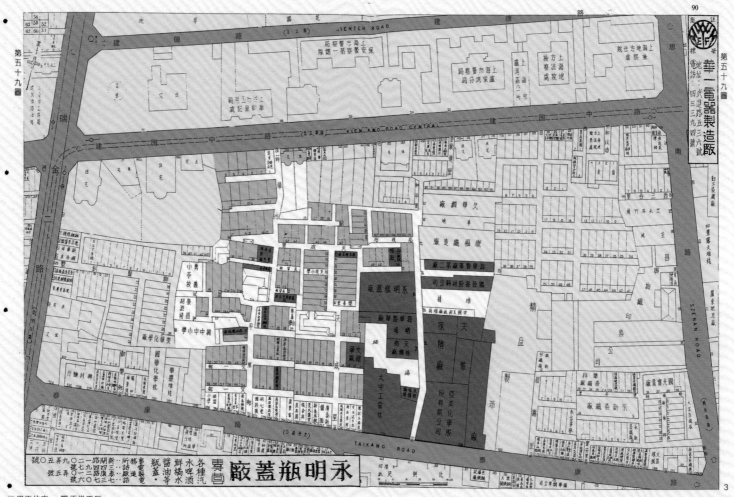

■ 里弄住宅　■ 弄堂工厂

条件好，经常在更新中被整体拆除。而近来随着"一江一河"岸线的贯通，产生了很多结合工业厂房与构筑物更新改造而成的优质滨水公共空间，杨浦滨江"秀带"为其中典型。

上海的工业厂区更新实践

从 20 世纪 90 年代末开始，建筑师登琨艳在杨浦滨江一带完成了自发性厂房改造项目——上海滨江创意产业园区。2004 年前后，苏州河沿线一系列较小尺度的工厂和仓库也完成了更新。为应对市中心一系列里弄工厂、毛纺厂的改制与停产，上海市经济和信息化委员会推出"2.5 产业（指介于第二产业和第三产业之间的产业）"更新政策，将莫干山路 50 号、建国中路 8 号桥等区位极佳的弄堂工厂改造为小型创意产业园区，取得了较好的更新效果。

随后，以上海世博会为契机，江南造船厂、国棉十七厂及杨浦滨江系列工业遗产更新，南市发电厂改造（上海当代艺术博物馆），北票码头构筑物"煤漏斗"改造（龙美术馆），四行仓库保护更新，以及上海轻工玻璃公司玻璃窑炉车间改造（上海玻璃博物馆）等工业厂区更新项目为上海城市更新带来一个又一个亮点。

4

目前，更大范围的工业厂区更新仍在推进中。徐汇滨江原上海水泥厂被改造为西岸穹顶艺术中心，浦东民生路八万吨筒仓区域的复合开发也正式官宣启动，这些更新实践都令人期待。

未来举措

更整体——
形成更完整的工业遗产利用片区

上海不乏对本市乃至全国的工业化进程有重大推动作用的大型工业遗产。但受限于上海用地的精细化，这些较大的工业用地都在后续实施过程中，被分割使用、

分别开发，导致单体建筑的亮点多，但能够充分展现完整工业流线、工业类型的整体改造反而较少。这点和北京首钢园区、鲁尔工业园区等的保护再利用有明显差异。

在上海今后的工业厂区更新中，如能对杨树浦水厂（目前尚在使用中）、宝钢核心生产空间这样的厂区进行整体开发和再利用，充分展示工业生产流线，甚至可纳入工人新村等更多类型的建筑，完整呈现各个时代有意义的生产生活空间物质遗存，会让后人对近代至改革开放之前上海的工业基础有更深入的了解，让厂区在更新后拥有更强的整体性和更完整的工业生产特征，能展现其原本的特色和历史故事。

更亮眼——
形成可识别性高、有传播力的建筑空间

应根据工业生产类型，在既有的空间类型里，顺势而为打造更多新旧结合且有独特性的空间类型和建筑场景，使之成为区域的标志。国际上可供借鉴的案例有赫尔佐格与德梅隆事务所（Herzog & de Meuron）完成的伦敦泰特现代美术馆（Tate Modern）旧发电厂烟囱顶部 U 型玻璃加建，以及赫斯维克设计工作室（Heatherwick Studio）在南非开普敦塞特兹非洲现代艺术博物馆（Zeitz Museum of Contemporary Art Africa）

借用谷仓料斗口断面设计的独特中庭空间；国内案例包括景德镇工业博物馆中利用传统烧制瓷器的隧道窑作为展陈布置元素（图 4），以及上海黄浦滨江拟将船坞空间与潜艇相结合打造潜艇展览馆。这些看起来很有冲击力的造型由于来自以往真实的工业生产，在带来独特空间体验的同时，又具有工业制造的逻辑性，具备了网络时代快速传播的建筑特色。

更安全——
提高检测、施工、评估过程中的安全性

应完善面向实施的检测监测机制，提高更新改造时的安全性。特别是在弄堂工厂类空间更新改造中，小型弄堂工厂往往在各个历史时期经历多次搭建扩建，结构传力情况复杂，如不采取完善的安全措施，易造成严重安全事故。应以未来利用目标为导向，进行完整的安全检测与监测，避免检测与设计脱离，完善施工措施的安全审核。

当工业厂房本身历史风貌价值较低时，应科学评估保留建筑的经济性和合理性。对于部分质量较差、原结构安全难以保障的建筑构筑物，衡量其经济性后，可以采取部分拆除、部分新建的方案。

更多元——
多元功能、多元政策、多元主体

上海曾经创造了"2.5 型"用地及相关更新政策，在目前环境下，更应思考能否有更多的政策创新，让投资主体、原土地使用者、运营管理者以更加自由、更少限制的方式组成联合体，获得开发权，平衡产出和收益。以英国伦敦持续多年的巴特西地区更新为例，随着 10 年间城市需求的变化，其规划方案多次更改，较原规划大幅增加了住宅，从而让该区域的功能更加复合多元（图 5）。

克难：
城市更新中的历史住区更新

历史住区更新是城市更新中争议最多、影响最深远的更新类型，它关乎市民切身感受，面积大影响广，需要兼顾记忆保留和民生改善，投资和实施耗时费力。吴良镛先生说："城市的居住问题要兼顾不同社会群体的要求，就是一个很复杂的问题。"而住宅问题和风貌问题叠加后，则使历史住区的更新成为城市更新过程中最有挑战的部分。

历史住区更新在国外也经历了多年探索，对于上海的历史住区更新颇有启发。例如从 21 世纪初至 2010 年底，英国的工党政府发起了"重回市场运动"，对建

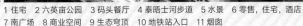

1 住宅　2 六英亩公园　3 码头餐厅　4 泰晤士河步道　5 水景　6 零售，住宅，酒店
7 南广场　8 商业空间　9 生态穹顶　10 地铁站入口　11 烟囱

5a

5b

246

6a 6b 6c
6d 6e 6f 6g

立了 100 多年的历史住区进行更新，让其重新回到交易市场，满足当下居住需要。其中最典型的案例是利物浦 8 号街更新（图 6）[6]，这里和上海里弄住宅类似的"排屋"经过更新后重回房产交易市场，由新的居民买入。更新保留了原街道格局、修缮了建筑外立面，内部加入新钢结构框架、重新划分使用空间，让历史住区焕发活力。但 2010 年后上台的保守党政府认为该项投入并非政府职能而取消了这项计划。

回望城市发展史，城市的基本职能之一就是为人们提供安全又满足生活品质需要的住所；在中国，住房更是无数家庭全部积蓄所在。历史住区的保护更新应在保留城市记忆的"公益"，与保障基础民生、维护个人权利的"私权"之间平衡取舍。

从"搭搭放放"到"新天地模式""承兴里模式"

上海近代经历了几次急速的人口扩张，催生了当时的房地产业，创造性地发展出里弄住宅这类造价低廉、建造迅速的住宅产品（图 7）。其采用"租地造屋"模式，土地所有权和使用权分离；允许二房东转租，房屋所有权和使用权分离。如此通过市场化的手段，迅速满足了基本的居住需求[7]。也正是这种背景，导致此类住宅的耐久性和安全性与当时标准较高的花园洋房、高层公寓存在较大差距，其居住舒适性、设备设施适配度更难以满足当下居住基本需求。

里弄住宅自诞生起，其自身一直在进行更新和翻建。如金陵东路沿线的余庆里街坊，最初的里弄住宅于 19 世纪末建造，

在 20 世纪 30 年代又全部拆除翻建（图 8a、图 8b）。梁实秋于 1920 年左右居住在石库门里弄，他留下谐谑的文字："客人有时候腹内积蓄水分过多，附着我的耳朵叽叽哝哝说要如此如此，这一来我就窘了。朱漆金箍的器皿，搬来搬去，不成体统，我若在小天井中间随意用手一指，客人又觉得不惯，并且耳目众多，彼此都窘了。"因此，将石库门里弄翻建为新式里弄亦是当年的一种更新，目的是满足与时俱进的功能需要。

早在 20 世纪 60 年代，国家建设主管部门就启动了有关近代里弄住宅维修改造的调查研究工作。随着上海居住拥挤情况的加剧，20 世纪 80 年代上海启动了"搭搭放放"的住宅改善政策。1982 年，建于 1923 年的旧式石库门里弄蓬莱路 303

6 PURCELL. Design in the historic environment: promoting a contextual approach to new housing in historic places[R/OL]. [2023-10-13]. https://historicengland.org.uk/content/docs/planning/design-in-the-historic-environment-case-studies/.

7 郑时龄. 上海的城市更新与历史建筑保护 [J]. 中国科学院院刊, 2017, 32(7): 690-695.

7

1870 年代上海里弄分布
地图
〔来源：沪游杂记〕

8a 8b

金陵东路余庆里里弄住宅总
平面图对比（1917—1949）
〔来源：上海建筑设计研究院
有限公司余庆里街坊规划
方案〕

9

上海蓬莱路 303 弄改建前及
改建后平面与剖面
〔来源：上海里弄民居 - 房管
局编写〕

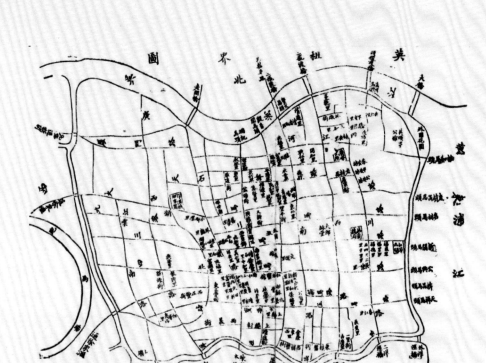

7

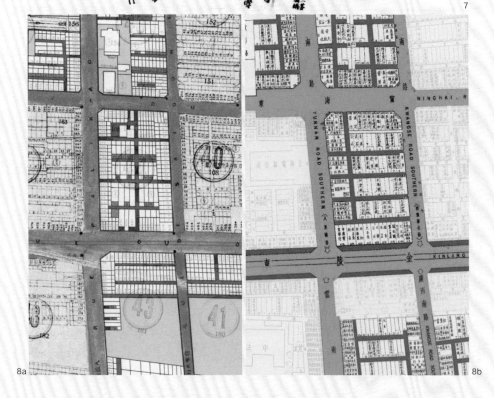

8a   8b

弄进行了改建试点工程，改建目标为"扩
大人均居住面积、延长建筑寿命"，将建
筑从 2 层加建到 3 层。工程基本维持原里
弄天井—堂屋—北天井—亭子间的格局与
风貌，提高了居民厨房、卫生间的设施水
平，增加了钢混结构的楼梯（图 9）。40
年后，当年的做法于 2020 年在"承兴
里""春阳里"项目中再现。

承兴里项目位于黄河路青岛路西南
角，建于 20 世纪 20 年代，是旧式石库
门里弄住宅，为上海市风貌保护街坊，目
前已完成北侧一期（试点部分）的改造
更新。本项目属于上海市首批"留房留
人"的保护更新尝试，抽取 10% 居民迁
走以增加每户面积，完成厨卫成套化改
造，同时改造疏散楼梯、增加消防设施等
以提高消防安全水平（图 10）。本示范工
程实施完成后，发现政府投入较大且难以
形成可见的效益回报，又由于原有灵活分
户的差异性，难以实现居民之间的绝对公
平，增设楼梯、卫生间还部分影响了原
石库门风貌，因此，此类模式也难说完
美。根据徐磊青教授团队完成的住户满意
度调研结果，改造评价均属"一般满意"
水平[8]，目前后续工程迟迟没有推进。

除了 40 年轮回式的"蓬莱路改造"
到"承兴里改造"之外，上海的里弄住宅
更新还经历了"新福康里""田子坊""新

8 徐磊青，永昌 . 传统里弄保护性更新的住户满意度研究——
  以上海春阳里和承兴里试点为例 [J]. 建筑学报，2021(S2):
  137-143.

天地""建业里"等多种模式的探索[9]。建业里和田子坊保留历史建筑，维持里弄建筑高度和栋距；新天地做了新旧建筑的插建共存；新福康里彻底拆除历史建筑，在沿街面与内部公共空间设计中保留了部分历史元素进行新建筑设计，但实现了住户的"原拆原回"。这些不同的模式恰恰说明，针对不同风貌保护机制、不同建筑质量的里弄住宅，应该采用不同干预方式加以应对。

2022 年上半年，上海由于新冠疫情处于封控中，里弄住宅的居民面临难以落实防护安全距离、室内活动空间显著不足等居住适应性的巨大挑战。为了改善市民居住条件、切实保障人民生命健康，上海市委市政府提出再提速再加力推进"两旧一村"改造，即零星旧改、小梁薄板等旧住房成套改造和"城中村"改造。上述里弄住区的改造实施经验也将对风貌保护要求相对较低的"两旧一村"更新实施有借鉴作用。

未来举措

尊重住宅建筑的特殊性

历史住区更新必须看到住宅这一建筑类型具有特殊性——建筑总量巨大、涉及基本民生；必须持续提高市民的生活水平，使之与快速发展的城市建设相匹配，体现

9 常青. 旧改中的上海建筑及其都市历史语境 [J]. 建筑学报, 2009(10): 23-28.

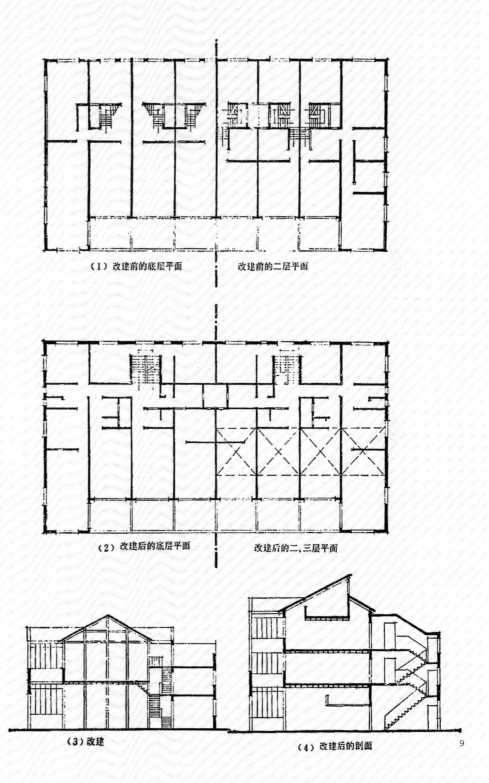

（1）改建前的底层平面　　　　改建前的二层平面

（2）改建后的底层平面　　　　改建后的二、三层平面

（3）改建　　　　（4）改建后的剖面

9

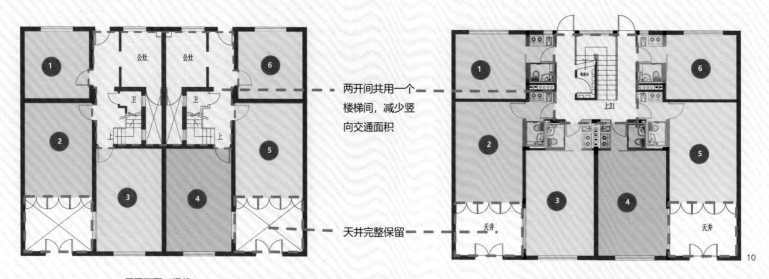

一层平面图（现状）　　　　　　　　　　　　　　　一层平面图（方案）

两开间共用一个
楼梯间，减少竖
向交通面积

天井完整保留

"向善而治——以人民为中心的历史保护"理念[10]；必须考虑实施时的落地性，任何管线基础设施的增设、楼梯喷淋等消防设施的增加，都难以逐门逐户地渐进式完成，有赖于较大范围街坊的整体协同推进。

充分借助市场手段

市场是配置资源的最佳方式。市场能敏锐感知需求变化，能最大效率调动土地、资金、技术、劳动力等各项资源，完成建设目标。客厅做多大开间、需要多大比例的储藏空间、不同规模家庭的功能面积分配，这些内容都不是闭门研究能够完成的，近二三十年的房地产市场化为研究市民住房更新需求提供了大数据支撑，应充分加以利用。

取得多方共识

"人民城市"建设体系的关键，是管理、技术和使用需求高度精细的结合。城市建设任务应直接响应群众诉求，避免"精英的傲慢"，避免闭门造车。目前，对于历史住区更新，普遍存在利益相关者（居民）、其他市民、管理者、技术精英之间的意见分歧。

"又来拍照了，没啥好拍的""你们站着说话不腰疼，你怎么不进去住住看"，这样的话在调研过程中时有出现。台风天时，居民家中"放着木桶接屋顶漏水，摆着沙包防止门口倒灌"的场景，也往往令调研者语塞。因此，应当尊重住宅功能的客观现状，通过调研、甄别等方式，实事求是完成价值评估，因地制宜制定保护目标，才能让各方达成一致，共同实施城市更新。

风貌分级的保护方法与基于数量管控的保护手段

针对已纳入风貌保护街坊范围的里弄住宅，应建立分级保护制度，确定不同的保护目标。不同保护等级的里弄住宅，应当允许采用不同的风貌保存手段，不能简单地将其与纳为法定保护对象的建筑遗产同等对待。否则，就失去了区分建筑保护与风貌保护的意义。

风貌保护，首先是肌理保护，应将地块划分、道路界面、建筑尺度等作为风貌保护的重要内容；其次是物质材料保存，即保存建筑外立面、部分主立面、主要建

10　王承慧，王建国，刘思佳，等．提升历史城区生活质量的城市设计探索——以太原府城为例 [J]．建筑学报，2021(S1): 128-133.

筑材料、部分可续用的建筑构件等，针对不同保护要求选取不同的保护手段。

从英国的登录建筑制度、我国的文物保护制度可以看到，保护对象的统计都是按建筑遗产的数量而非面积进行，这一方面因为建筑面积难以统一计量标准，另一方面也给建筑遗产的再利用留出了扩建、改建的余地。而对于保护要求远低于建筑遗产的风貌保护街坊内的里弄建筑，上海市仍然以"730万平方米建筑面积的里弄住宅"作为具体的量化保护对象。从实践情况来看，里弄住宅的室内外都需要进行改造以适应现代生活，如果被套上建筑面积的"紧箍咒"，就无法给未来改建、扩建乃至必要的部分拆除留出管理和技术上的余地，因此建议将"风貌保护街坊"的数量作为统计指标，确保列入清单的街坊数量保持不变。

制定新建住宅与更新住宅两类不同的政策及技术规定

住宅建设是最基本的城市建设工作，1949年后，全国针对住宅建设展开了技术讨论，为充分保障非专业、个体购房者的利益，围绕住宅建设制定了一系列技术标准和规范体系。这些标准和体系不单是技术争辩的内容，也成为了司法体系中进行维权的重要技术依据。因此，在实施过程中，现行技术标准中关于"相邻关系""日照、消防、抗震、安全"等内容的规定成为了规划建设控制与风貌保护之间最大的矛盾。

这些障碍的突破，有赖于适用城市更新、风貌保护的技术体系的建立。这一体系不是对现有新建建筑技术标准体系的突破，而是旨在根据城市发展现状，填补针对历史住区的标准空白。

结语

城市更新贯穿城市的各个层面和角落，在更新过程中保留城市记忆、维持城市风貌是重要的议题。除文中所列的三类更新对象——建筑遗产、工业厂区、历史住区以外，上海在其他方面也做了大量工作。如在街道微更新方面，同济大学刘悦来教授的"社区花园"系列实践，用"四两拨千斤"的方式给城市带来新意；在公共服务设施更新方面，由上海建筑设计研究院有限公司主导完成的"八万人体育场"更新设计将竞技体育场转变为开放共享的公共健身活动空间；在滨水公共空间更新方面，苏州河贯通工程将华东政法大学长宁校区校园内的滨水空间向市民开放，让绿化景观更具可达性。这些持续的更新措施都让城市更亲切、更宜居，同时仍然具有"上海味道"。

城市需要记忆，也需要持续生长。

07

Urban Historic Fabric
and Cultural Accumulation

城市历史肌理与
文化积淀

在保护与延续城市历史文化的不断探索中，上海市率先将视野从对单体历史建筑的保护扩展到了对人和建筑所处空间环境的整体性关注之上，强调成片保护和维护地区关键性空间要素与特征对于城市地区的风貌、品质及文化积淀的重要意义。

  在制度层面，持续拓展保护对象与范围、逐步提升和完善规划效力是上海有效实现城市历史肌理与文脉保护的重要保障。2002年颁布的《上海市历史文化风貌区和优秀历史建筑保护条例》使上海建成遗产保护的范围正式由建筑单体扩展至历史文化风貌区，并使其权威性由政府规章级别大幅升级为地方性法规级别。而后，中心城区12片、郊区32片历史文化风貌区相继于2003年、2005年划定，风貌区保护规划的编制工作也随之启动并陆续完成。从效力上看，保护规划突破性地提出了在控规层面进行编制的技术模式，实现了历史保护与开发建设的两规合一，从而确保了风貌保护在城市规划与建设管理中最终能够得到落实。2016和2017年，先后增加的两批共计250处风貌保护街坊再度扩大了成片风貌保护的范围。此外，风貌保护道路概念的提出也对风貌区整体保护体系的进一步完善形成了有力的补充。

  在城市对历史文化的延承日益受到重视、对其理解日渐加深的背景下，历经十数年的发展，延续历史环境和成片保护的做法当下正逐步成为人们的共识。但相较于单体建筑的留存，空间环境整体性保护涉及面和影响范围通常更广。因此，在这类保护工作中，对历史保护诉求和地产开发效益间平衡关系的适度处理往往面临更高的要求，也时常成为研究与实践所关注、回应和解决的核心问题。其关键则在于探讨要由何种主体、以何种方式来承担具有公共福利性质的城市风貌保护的成本，又如何使城市在实现风貌保护的同时通过更新获取更高的总体效益。在此过程中，政府规划部门作为公共力量的代表，对更新行为也承担着重要的规范和引导职能，这也使应当如何设定公共权力的边界、公共资源的投入形式和力度等问题成为了具有重要讨论意义的内容。这些问题都直接或间接地影响了一个城市的历史文化能否得到积淀并得以延续。

  在下文的案例中，外滩源更新涉及规划管理权力如何在空间特征要素的保护和控制中进行表达及如何寻找作用的平衡点等问题；划船俱乐部则阐述了风貌保护中对于空间的梳理与整合；春阳里的更新较好地展现了政府主导的里弄成片保护改造中基于公共投资、为提升实际居住质量同时保留原住民所进行的探索，关注非地产化运作的、着眼于原住民利益的风貌保护与民生改善的兼顾。

外滩源地区是上海苏州河以南、邻近黄浦江的一个区域，它是上海开埠以后，
外商最早租赁土地、建造房屋的地区，是上海租界发展的源头。这一地区历经长时间的持续建设，
留存有英国领事馆、真光大楼、中华基督女青年会大楼、光陆大楼等十余幢优秀历史建筑，
是见证近代上海城市发展的重要物质留存。然而随着城市发展重心的转移，这一地区的城市功能走向衰落，建成环境日渐破败。
21世纪初，外滩源地区的复兴逐步开展，充分发掘了历史建筑的文化价值，在修缮的基础上进行功能置换，使整个地块混合利用，
兼有居住、商业、办公、文化等多种功能。这次更新不仅保存了优秀历史建筑、改善了建成环境、激发了整个街道的活力，
更促进了一般历史建筑的保留保护，例如原本只是地块内保留建筑的圆明园公寓和中实大楼，在外滩源一期完成后，
于2015年成为上海市第五批优秀历史建筑。

The Origin of the Bund

外滩源

租界源头

黄浦江两岸综合开发先行工程

外滩源

保留建筑

现在名称／洛克·外滩源
地址／上海市黄浦区中山东一路与虎丘路
建成年代／1920—1936年
保护类别／上海市历史文化风貌区，历史文化街区，国家级文物保护单位
修缮时间／1999年至今
设计单位／意大利格里高蒂建筑师事务所，上海市城市规划设计研究院，
同济大学建筑与城市空间研究所，David Chipperfield 建筑事务所等

254

外滩源鸟瞰　章勇／摄

租界发展的源头

如今的苏州河以南、邻近苏州河与黄浦江交汇处的一个区域，被称为"外滩源"。这里是上海 1843 年开埠后，最早出现西式新建筑的地方，也是最早变更土地所有制的地方，更是第一批建设的城市道路骨干：东临圆明园路和 33 号公园绿地，西靠虎丘路，北濒苏州河路，南达北京东路。这片占地约 17 公顷的土地见证了租界从建立到演变为繁华城市中心的历史，也成为上海近代城市现代化的源头，如今依然保留了各个时期建设的十余幢优秀历史建筑，从早期适应南洋气候的外廊式建筑，到新古典主义、新文艺复兴等折衷主义建筑，再到装饰艺术风格、现代主义建筑，都集中在虎丘路和圆明园路两个紧凑的地块内，成为不折不扣的租界时期建筑风格露天博物馆。

中山东一路 33 号的原英国领事馆主楼和辅楼是这一地区留存最早的西式建筑。主楼建于 1873 年，是第二代领事馆办公楼，建在 1870 年烧毁的第一代原址上，由英国人格罗斯曼和鲍伊斯设计，也是第一次有建筑师参与的租界房屋建设项目，二层砖木结构，设外廊，清水红砖墙饰面。屋面四坡，就地取材使用中国产蝴蝶瓦。辅楼建于 1882 年，有廊与主楼相连，同为外廊式砖木结构建筑。

圆明园路 97 号的安培洋行建于 1908 年，由最早进入上海的外国建筑设计公司之一——通和洋行设计，四层砖混结构，建筑呈现出流行于 19 世纪晚期英国的安妮女王复兴式风格，将文艺复兴元素以风景画的方式拼贴在建筑上，以中间向外凸出的装饰性挑窗和两侧对称的半圆塔楼为特色元素，是折衷主义的代表。

这一地区保留下来更多的是建成于 20 世纪 20 年代末至 30 年代的装饰艺术风格建筑，均为钢筋混凝土结构，楼高 7~8 层，功能相对混合，反映了当时外滩地区的开发强度和力度。

虎丘路 142—146 号的光陆大楼建成于 1928 年，外立面饰以简洁的竖向线条饰板，由来自匈牙利的鸿达洋行设计。它是这一地区混合开发的典型，楼高八层，底层为光陆大戏院，充分利用了所处的转角位置，形成扇形平面。上层为办公和公寓功能，在顶部收束为一个小塔楼，形成纪念性的街角。

圆明园路 209 号的真光大楼建于 1930—1932 年，由邬达克设计。这是两个基督教组织——广学会与浸信会的联合大楼，也称真光、广学大楼，比单栋分开建设的投资少。两个机构在建筑上以一墙之隔保持各自独立，但共享 U 形建筑围合出的空地。两座大楼除了底层用作门面、部分楼层用作自留办公外，都选择了将其他空余层出租以获利的模式，其平面尽可能趋向标准化，比如沪江大学商学院就曾一度设在真光大楼的七层，邬达克也租用过八层作为自己的事务所所在地。真光大楼立面上带有哥特风的锐角状竖线条，成为邬达克职业生涯后期装饰艺术风格建筑中的特例，也是其为两个基督教组织寻求建筑身份表达的尝试。

圆明园路 133 号的中华基督教女青年会全国协会大楼（简称"女青年会大楼"）建于 1930—1932 年，由留美基督教建筑师李锦沛设计。基督教女青年会在中国发展迅猛，为了满足日益扩大的活动需求便建造此楼，其室内细部设计较为精致细腻，反映了女性介入设计的思考。建筑大量采用经改良的中式元素，

1
英国领事馆主楼历史照片
[上海市区志系列丛刊／提供]

2
兰心大戏院历史照片
[回眸黄浦江畔建筑／提供]

3
光陆大戏院历史照片
[Virtual Shanghai／提供]

4
修缮前的 174 街坊全景
[上海章明建筑设计事务所／提供]

5
修缮前后安培洋行对比
[上海章明建筑设计事务所／提供]

比如门扇及其横披的三交六椀菱花格心，办公室内的井口式天花、彩画等，都是对基督教在中国落地生根的表达。

外滩源地区是上海城市化的起源地，也为其复兴和再开发奠定了坚实的基础。

整体保留开发，发掘历史遗产

随着城市发展重心的转移，外滩源地区的城市功能衰落，建筑几经搭建，原有风貌不再，街道环境也日渐破败。伴随着黄浦江两岸综合开发启动和黄浦区历史文化保护意识的提升，2001年8月，针对外滩源地区的调研和概念设计正式开始。翌年6月，外滩源项目作为黄浦江两岸提升的先行工程正式启动，以"重现风貌、重塑功能"为指导原则，一方面充分挖掘历史建筑的人文价值，恢复并保留街区的原有风貌，另一方面在保护的前提下进行开发、功能植入与设施更新，以满足当下的需求。

2003年开始的外滩源一期工程以修缮历史建筑、植入新功能为主，位置在中山东一路以西、滇池路以北、虎丘路以东、苏州河以南。采用政府引导、社会资本投入的方式，包括"外滩源33"项目、益丰·外滩源、洛克·外滩源、上海半岛酒店和"大市政及环境景观配套"五大项目。2010年完成核心区域建设，开放外滩源公共绿地和圆明园路特色景观街，2012年前后逐渐完成修缮和入驻。

外滩源33项目以原英国领事馆1号楼、2号楼的修缮为起点，带动原教会公寓、原新天安堂和原划船俱乐部的修缮整治，入驻高端名酒、名表品牌和商务、演出、活动等功能机构，同时治理周边公共绿地、亲水平台和地下

空间的整体环境，以此作为整个区域的公共社交部分，为周边提供开放空间和公共停车场。

洛克·外滩源为圆明园路、南苏州路、虎丘路和北京东路围合出的街区，一期是对地块内11栋历史建筑修缮后加以混合开发，包括金融、商办、零售、文化和居住等功能，是恢复这一街区历史活力的关键。

益丰·外滩源和上海半岛酒店项目都是单栋开发，前者是基于益丰洋行大楼的单栋改造项目，楼长124米，五层砖木结构，改造后成为外滩源地块唯一一家以零售为主的高端购物中心；后者则成为服务于整个地块的高端酒店，并与南部的外滩相衔接。

在一期工程完成后，外滩源地区原先的面貌已初步展现，一些原先未列入保护名单的保留历史建筑，如圆明园公寓、协进大楼和中实大楼，也在2015年被列为第五批上海市优秀历史建筑，这说明外滩源对历史文化价值的挖掘产生了越来越大的影响力。正在进行中的二期工程主要以填补拆除违章搭建后的空白地块为主，这些新建筑的设计在风貌上尊重历史环境，在功能上也将对地块内既有项目进行补充。

6

6
修缮前后圆明园公寓对比
7
兰心大楼与真光大楼修缮后东立面
8
修缮前后女青年会大楼对比
9
修缮前后哈密大楼对比
[本页图均由上海章明建筑设计事务所提供]

7

8

9

上海划船俱乐部
历史变迁

　　上海开埠后，划船运动是外侨最早开展的体育活动之一。1859年10月，在沪的英、美、德、丹麦、瑞士、比利时、挪威、日本等国的划船运动爱好者自发组织了上海有史以来第一场划船比赛。1863年，外侨在苏州河沿岸建立上海划船俱乐部（也称"上海划船总会"）。1903年上海划船俱乐部向英国领事馆和新天安堂（联合礼拜堂）租地建新馆，包括船库、会所和游泳池。1904年9月船库和会所同时竣工，游泳池次年完工。

　　划船俱乐部建筑外立面为红色清水砖墙，采用了英国维多利亚式坡屋顶与巴洛克装饰相结合的折衷主义风格。中华人民共和国成立

后，市政府接管了全部动产和不动产，划船俱乐部经历一系列拆建改建，成为黄浦区游泳馆。2009年6月20日，上海划船俱乐部旧址因城市建设几近拆除。会所结构部分被保留，于2010年依原貌复建。

　　历史上的划船俱乐部布局包括东西两翼与中部会所，贴临防汛墙而建，与苏州河联系紧密，呈现出修长的建筑形态。更新设计希望能够在一定程度上还原建筑体量的原始状态。

　　设计首先从整体性空间梳理入手，打通了划船俱乐部与防汛墙之间的步行空间，扩大建筑东侧硬地，将划船俱乐部的建筑与滨河公共空间有机地融为一体。

　　在建筑的西侧，结合室外景观、遗存门头，以钢结构框架为基础对原游泳池建筑进行现代化演绎，搭建一个抽象化的结构框架。在

10
美丰大楼修缮后街景照片
［洛克·外滩源／提供］
11
美丰大楼修缮后外立面：
新旧结合
［洛克·外滩源／提供］
12
外滩源建筑总平面
［上海章明建筑设计事务所／
提供］

建筑的东侧，以与西侧相似的结构模式预制 8 组钢结构灯架，组成灯阵广场。广场内部铺设植草砖。相对简洁的灯阵提示原有的船库空间，成为更加景观化、更放松、与景观草坪相结合的公共空间。东西两组钢架，以一种通透的、历史与现实叠合的方式，让市民可以追溯上海划船俱乐部曾经的形态特征和空间氛围。

泳池作为划船俱乐部原有的重要组成部分，在公共空间塑造中成为具有特色的亮点。由于泳池所在位置目前的城市空间已经不适合游泳活动，故考虑将泳池改造为具有特色的城市广场。去除现有植被与堆土，拆除池中三道后期加建的长轴向地垄墙，恢复泳池原本的空间状态：长 50 余米、宽约 30 米，由一个浅戏水池和一个拥有四条泳道的深池共同构成。泳池四个角还保留有下到泳池的小台阶，马赛克的池

壁中局部还刻有数字，交接处以圆角马赛克铺贴，具有经典的精致性。泳池空间成为一个有顶棚空间限定的公共空间，人们可以进入到泳池中，从"池底"的视角回溯时光更替。泳池空间可以成为展厅、咖啡厅、舞台、T 台等多种功能空间，让市民以一种全新的方式体验原划船俱乐部的场所感和社交感。

划船俱乐部的周边空间改造是在尊重历史的基础上进行推断演绎的，以追溯和创新的姿态复原其原本的空间布局、结构特征，使划船俱乐部以公共空间的新身份，继续参与城市的未来。

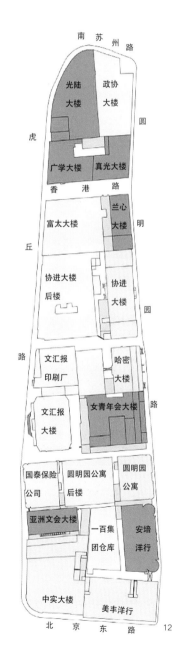

13

14

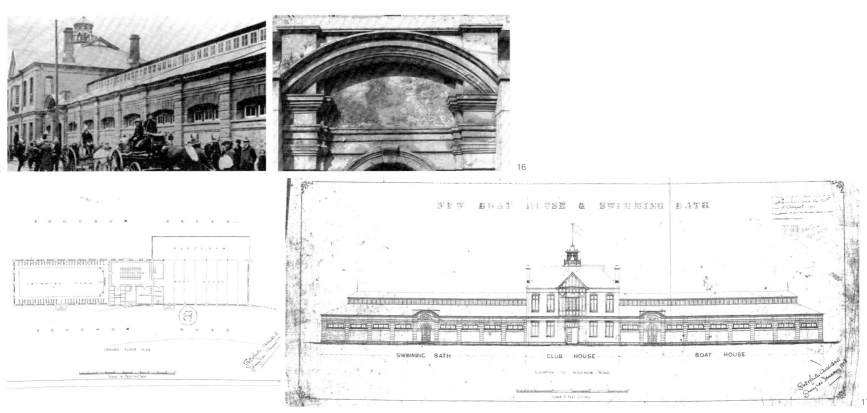

16

17

18

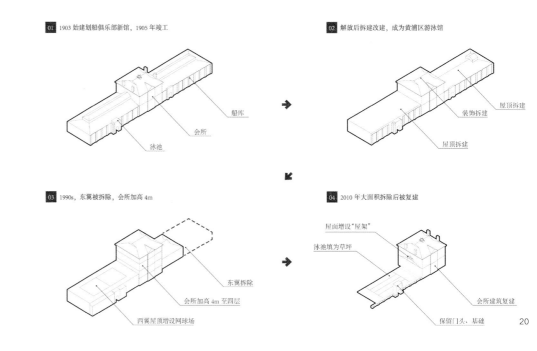

船库

会所

泳池

屋顶拆建

装饰拆建

屋顶拆建

03 1990s，东翼被拆除，会所加高 4m

04 2010 年大面积拆除后被复建

东翼拆除

会所加高 4m 至四层

西翼屋顶增设网球场

屋面增设"屋架"

泳池填为草坪

保留门头、基础

会所建筑复建

20

20
复原形态示意图
〔原作设计工作室／提供〕
21
沿江日景
〔章勇／摄〕
22
划船俱乐部结构照片
〔章勇／摄〕

22

Sinan Mansions

思南公馆

思南公馆地处法租界由东向西扩张的过渡地区，该地区呈现为里弄与独立式花园洋房混合的肌理，
尤其以义品村的23幢特色鲜明的独立式花园住宅著称，曾是周恩来、柳亚子等名人的寓所，是近代上海历史的重要见证。
1999年，思南路两侧花园住宅改造项目启动，为了保留这一地区的历史风貌，除列入优秀历史建筑名录的义品村外，
其余建筑也采用保留修缮的模式，被定位为"城市露天博物馆"。
历经十余年修复改造后向公众开放的思南公馆，成为这一地区重要的公共空间。

义品村

思南公馆

露天博物馆

城市形象与记忆

现在名称／思南公馆
曾用名称／义品村
建筑地址／上海市静安区思南路51—95号（单）
建成年代／1920—1929年
原建筑师／奥拉莱斯
保护类别／上海市第二批优秀历史建筑（1994年），三类保护
修缮时间／1999—2013年
设计单位／上海同济城市规划设计研究院有限公司，上海江欢成建筑设计有限公司

思南公馆鸟瞰　上海市历史建筑保护事务中心／提供

义品村：
特色鲜明的独立式花园住宅

思南公馆原先为卢湾区 47、48 街坊，西起思南路西侧花园住宅边界，东至重庆南路，南临第二医科大学，北抵复兴中路，占地面积约为 5.8 公顷，属于衡山路—复兴路历史文化风貌区。1914 年，为纪念《维特》歌剧的创作者、法国音乐家马斯南，法国公董局将新辟筑的一条道路命名为马斯南路，即是如今思南路的前身。该地块处于法租界由东向西扩张的过渡地区，地块内有早年建设的广慈医院（现瑞金医院）和震旦大学医学院（现上海交通大学医学院），呈现为里弄与独立式花园洋房混合的肌理。同年法租界最后一次扩张，公董局规定"在霞飞路（今淮海中路）、辣斐德路（今复兴中路）、金神父路（今瑞金二路）、吕班路（今重庆南路）之间一些区域只允许建造西式房屋，并规定吕班路以西不准设立甲类营业"，思南公馆地块内义品村的 23 幢特色鲜明的独立式花园住宅就属于这一规划的结果。

1920 年，比利时义品洋地产公司购置了辣斐德路以南、马斯南路以东的 30 多亩地，开发兴建花园洋房义品村。建筑多为法式乡村风格，砖木结构，红瓦双坡屋面，局部作变形的孟莎式屋顶，以鹅卵石、清水砖和水泥拉毛饰面作为外墙，南向的二层阳台有室外楼梯直通花园，设备间放在地下层。义品村虽然较之后期法租界花园住宅在豪华程度上略显不足，但其闹中取静、周边服务设施完善、精致紧凑，显示出高档社区的面貌。政要、文人、侨民、机构人员等均寓居其中，著名的建筑有73 号周公馆、87 号梅兰芳旧居等。作为法租界向西拓展的起点，义品村所在的思南路地块

在城市发展上有着重要意义。

城市露天博物馆：
优秀历史建筑推动建筑保留

1999 年，思南公馆地块住宅改造项目启动，采用住宅置换、居民外迁的方式进行改造，大多数洋房由居住功能转为商业开发，义品村所在区域改为思南公馆酒店，48 街坊内的洋房改为企业公馆，北部沿复兴中路风格迥异的小型住宅开发为特色名店，东部临重庆南路地块新建为思南公馆公寓。

但改造并没有像同期的"新天地"项目那样，只保留中共一大会址等有身份的建筑，拆除其余有历史特征的街区，仅留"一层皮"进行商业开发。相反，思南公馆借着义品村这一优秀历史建筑群，将地块内的无身份花园住宅和石库门里弄一并保留下来，以留存这一地块的整体历史风貌，将之辟为城市露天博物馆，展品中既有"中法联谊会旧址"、周公馆这样的历史保护建筑，也有当年界定法租界的行道树、鹅卵石外墙、梅兰芳走过的小径、郁达夫仰望星空时靠着的路灯。每件展品上还印有一个二维码，参观者用手机扫码就能听到相关的语音介绍，如"文人与将军的故事""民国史密斯夫妇传奇""老佛爷与梧桐树"等民众爱听的奇闻轶事，使人们身临其境。这一模式突破传统博物馆只展出"物"的局限，充分利用网络时代的新技术，通过展现街道格局、景观风貌等物质遗产和传说故事等无形的文化遗产，让人们通过多种维度认识城市历史和城市的关系。

2005 年，上海确定复兴中路、思南路、皋兰路、香山路等为风貌保护道路，明确保护

道路不得拓宽，注重保护原有空间尺度、景观特征、风貌特色，思南公馆整体留存的策略得到了肯定。2016 年，思南公馆历经十余年的修缮改造后对公众开放，成为上海城市发展重要阶段的见证。

1

思南公馆花园住宅近照
〔上海市历史建筑保护事务中
心／提供〕

2

思南公馆花园住宅鸟瞰
〔上海市历史建筑保护事务中
心／提供〕

3

思南公馆地块肌理历史
变迁
〔上海现代建筑设计
（集团）有限公司／提供〕

4

思南公馆花园住宅修缮后
〔上海市历史建筑保护事务中
心／提供〕

5

思南公馆 e 型花园住宅
原始现状
〔上海市历史建筑保护
事务中心／提供〕

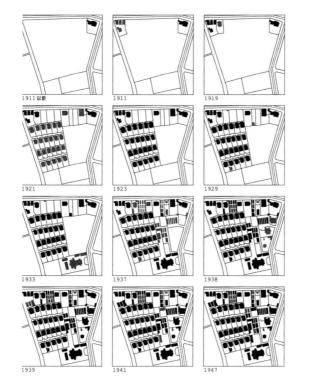
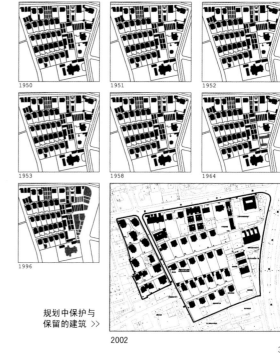

1911 以前　　1911　　1919

1950　　1951　　1952

1921　　1923　　1929

1953　　1958　　1964

1933　　1937　　1938

1939　　1941　　1947

1996

规划中保护与
保留的建筑 >>

2002

3

4

5

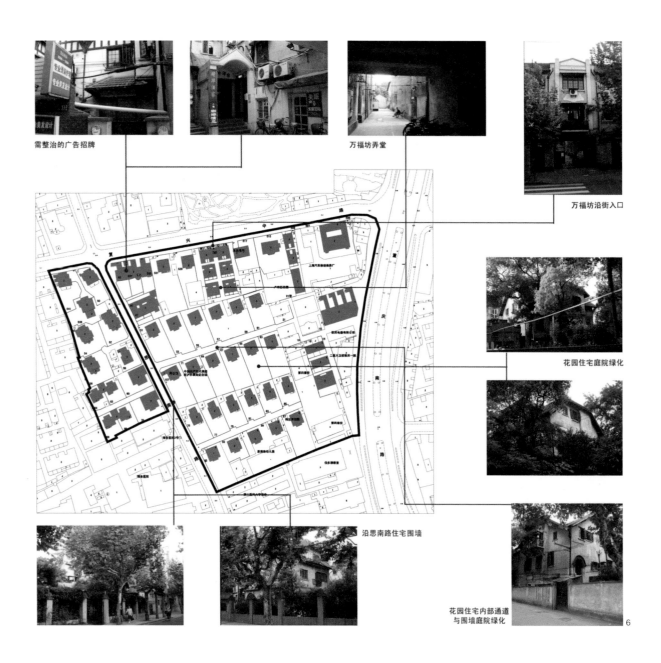

需整治的广告招牌

万福坊弄堂

万福坊沿街入口

花园住宅庭院绿化

沿思南路住宅围墙

花园住宅内部通道
与围墙庭院绿化

6

6
思南公馆环境整治

7
思南公馆鸟瞰
[本页图均由同济大学卢永毅
邵甬教授研究团队提供]

春阳里位于虹口区东余杭路211弄，始建于1921—1936年，是一处典型的老式石库门里弄社区。
与其他众多的里弄地块相似，在历史演变的过程中，由于居住人口的显著增多，其逐渐脱离了原初的使用方式和状态，
呈现出多户人家共用一幢建筑、居民过度密集、各户日常生活设施不齐、增建拆改频繁等特征。
随着时间的推移，建筑及其内部既有的设施也逐渐老化陈旧，这构成了春阳里改造的客观背景。
但不同于市场化运作下常见的征收房屋、彻底清空原有居民及其生活形态的模式，春阳里改造是建立在政府投资基础上的、
对原有居民进行保留的里弄更新探索，在保护城市历史风貌、提升居民生活质量、维护原有社会结构和邻里关系、
使用群体适度多元化等多个方面寻找着维系平衡的适宜策略。

Chun Yang Li

春阳里

旧里改造

特色风貌街坊

成片里弄修缮

有机更新

现在名称／春阳里
曾用名称／春阳里
建筑地址／上海市虹口区东余杭路211弄
建成年代／1921—1936年
保护类别／上海市风貌保护街坊
修缮时间／2020年
设计单位／上海章明建筑设计事务所（有限合伙）

春阳里鸟瞰　上海市历史建筑保护事务中心／提供

春阳里的发展和
更新的背景

春阳里在 1921—1936 年间由英商业广地产公司始建，总面积两万余平方米，为上海老式石库门里弄。地块内建筑布局较为紧凑，单元联排紧密，行列间距较小。从单体特征上看，建筑主体为二层结构，局部带有三层阁楼；立面主要为清水砖墙，南立面上保留有石库门门头等装饰。虽然单体特色在上海里弄中不算最为精致与突出，但春阳里地块在历史的变迁中整体风貌保留得较为完好，至 21 世纪 10 年代后期，仍较好地维持着近代形成的空间格局与肌理。基于其悠久的年代和较完整的保存状态，2016 年，春阳里被纳入了上海市风貌保护街坊名录。

同年，春阳里更新改造启动，成为上海市第一个以原有居民完全回迁为前提所进行的旧里建筑内部整体更新试点项目，即居民仅在更新施工期间短暂地移出，改造完成后所有人都能够重新回到质量大幅提升的原址居住，而更新的费用则由政府全额承担。改造之前，建筑物质层面的主要问题有居住人口密度过高、拆改违建严重、结构老化变形、设施设备损坏、套内功能缺失等，因此更新的目标和诉求也体现在综合性的多个层面，涉及保证建筑结构与安全性能、修缮破损设施设备、实现套内厨卫完备、优化社区服务资源、提升生活环境品质、维护居民社会网络、保护地区风貌肌理等。

春阳里空间改造的
特征

在物质空间层面，春阳里的主要改造思路是"拆除违法搭建，维持巷弄空间与现有建筑尺度，单体建筑'不长高、不长胖'，外轮廓线维持不变"。违规搭建的拆除是地块内部空间秩序和风貌品质恢复的基础，使石库门区域主弄—支弄的整体格局重新显现并清晰化；其次，改造通过建筑内部竖向交通的紧凑共用以及使用空间的置换与整合，使各户内部的空间布局与设施都达到更为完整的状态，由原本的多户合用厨卫转变为各户独立厨卫；再者，将原有的砖木结构替换为预制钢结构框架混凝土楼面板结构体系，以实现结构加固和消防安全性能提升。同时，更新也注重建筑单体的风貌保护和延续，较为细致地修缮了石库门门头、清水墙体及其装饰部分，较好地还原了建筑原本自然、古朴、大方的样式和气质。

在实际的更新过程中，由于房屋租、住结构的复杂，改造设计基本需要采取一户一方案的形式，由设计者与居民深入沟通和协商后确定最终的改造方式，逐项协调和落实不同主体的诉求，这对专业人员的设计和协调能力提出了极高的要求；另一方面，这也使居民在深入参与改造的过程中建立起更强的主体意识，有利于加强社区认同感、归属感，创建长效的社区维护机制。

1
里弄露台修缮后现状
2
里弄阁楼修缮后现状
3
里弄卧室修缮后现状
4　5
春阳里修缮后的窗框
6
春阳里鸟瞰平面图
[本页图均由上海市历史建筑
保护事务中心提供]

276

春阳里更新改造的
探索性意义

除提供空间和技术层面的解决手段外，春阳里更新更为重要的意义实质上在于深入面对和探讨了如何在传统里弄复杂的产权背景下保证和提升相关权利人所享有的社会福利、如何避免政府所承担的公共责任被无限扩大以及私人利益在改造过程中对公共利益产生过度侵害等问题，在兼顾风貌保护、民生改善、社会效益等多方面价值诉求的探索中取得了较明显的成就。

春阳里项目的推进过程中，更具难度和挑战性的工作在于在空间置换、重组、翻建中平衡多方利益，以取得原有居民的一致同意并最终促使更新落实。通过一系列努力，项目成功说服居民相信并接受通过改造而非征收来实现生活的大幅改善、拆除原有违章搭建以恢复环境秩序，并妥善处理了由邻里间历史矛盾和积怨而导致的抗拒空间重组等问题。因而，其项目推进的实际经验也成为了上海后续里弄改造的重要基础和参考。

此外，在更新完成后，基于里弄空间出租需求，春阳里再次作为试点区域引入了"租房管家"模式，即不在此居住的原有居民以合同形式将改造后的房屋全权委托给企业，由企业对房屋统一进行对外租赁和维护管理，提供从装修到托管的一站式服务。这种整体性的运营，其实质是一种非盈利的福利式管理，在新群体的引入和社区的有效维护间起到把控与调节的作用。

在城市历史文化与记忆保留层面，春阳里更新较为突出地体现了上海的风貌保护理念和手段在近二十年中不断发展、完善的成果，即从执着于建筑特征特色丝毫不可移易的严格"保存"，转向在保护历史建筑与满足城市生活需求之间寻求恰当平衡，从坚持历史建筑必须"修旧如旧"，发展至更为关注城市空间整体秩序和肌理的延续，对建筑单体的渐进式翻新和改造也持有更为积极和开放的态度。从这一层面看，春阳里的更新也意味着风貌保护上的进一步探索，带来了更深远的启示。

7
春阳里北立面图
8
春阳里南立面图
9
春阳里俯瞰照片
［本页图均由上海市历史建筑保护事务中心提供］

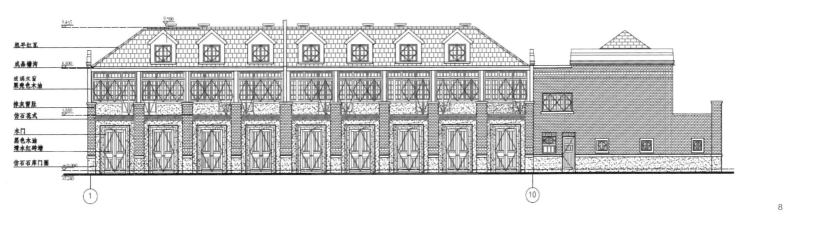

机平红瓦
成品檐沟
玻璃水面
黑棕色木油
栎灰窗肚
仿石花式
木门
黑色木油
喷水红砖墙
仿石石库门圈

张园位于上海市静安区威海路，始建于19世纪80年代，旧址是英商和记洋行经理的私人花圃，
1882年被无锡富商张叔和买下修建并取名为"味莼园"，1885年对外开放时它已成为沪上首屈一指的私营园林。
随着社会变迁，1918年张园停办，土地被分割出售用于建造里弄住宅和花园住宅。到20世纪40年代，
园区已经成为以居住功能为主的街区，而后仅有少量加建和街区整治建设。
2011年，《静安区42号街坊（张家花园）及43号街坊东侧地块城市设计与控详局部调整方案》获批，
后续进行的新一轮规划研究也在2018年通过，2019年西区开始进行保护修缮与再利用建设，
曾经的"海上第一名园"成为上海首个保护性征收的城市更新项目。已改造完成的张园西区容纳了各类重奢商业品牌，
而尚在建设的东、南、北区将容纳酒店、办公、演艺、文化等多样功能，共同打造包罗万象的城市活力街区。
"海上第一名园"将在百年之后再次成为城市民众公共活动的瞩目焦点。

Zhang Yuan

张园

百年名园

石库门里弄建筑群

保护性征收

一幢一档

城市核心商圈

现在名称／张园
曾用名称／张氏味莼园
建筑地址／上海市静安区威海路588弄
建成年代／1882—1885年

保护类别／上海市历史文化风貌区；上海市优秀历史建筑二类、三类、四类；上海市区级文物保护单位
修缮时间／2019—2022年（西区）
设计单位／上海明悦建筑设计事务所，华建集团，上海现代建筑规划设计研究院有限公司

张园鸟瞰　上海静安城市更新建设发展有限公司／提供

"海上第一名园"的回归

张园是清末民初上海最著名的私家园林之一，有"海上第一名园"的美称。其旧址原为英商和记洋行经理格龙的私人花圃，后于1882年被无锡富商张叔和买下，按照西洋风格修建园林，取名为"张氏味莼园"，并于1885年对社会正式开放。彼时的张园已经是沪上首屈一指的园林，园内经营内容广泛，包罗赏花看戏、照相观影、纳凉吃饭、宴客游乐、演讲集会、展览义卖等各色社会公众活动，是上海最大的市民公共活动场所，更是中国现代文化产业史上第一个城市公共文化商业空间，具有非常重要的历史意义。

但到了民国以后，张园因社会风尚的转变和新娱乐场所的崛起而走向衰落，最终于1918年停办。其土地被分割为28块出售，用于建造里弄、住宅等，28家业主带来了不同风格的石库门建筑群。在之后接近百年的岁月里，这里作为居住街区容纳了越来越多的居民，一度达到近万人。2018年2月，张园地区的控制性详细规划调整获得政府批复通过，通过"征而不拆、人走房留"的方式实施土地储备，对历史建筑进行成片保护。2019年年初，张园地块旧改征收正式生效，年中张园地区保护性综合开发方案国际征集活动正式启动。

片区改造历程与特色——双四位一体守护焕新

作为沪上名园的张园见证了上海近代风雨飘摇的历史，而作为住宅街区的张园则承载着当地居民的情感和集体记忆。作为上海首个保护性征收的城市更新项目，张园采用了"双四位一体守护焕新"的更新方式，从建档—保护—修缮—利用四个步骤入手打造系统的张园更新工作格局，在保留历史风貌的同时保护城市历史文脉，为片区类城市更新提供了新的思路。

建档——一幢一档

为了给城市更新及保护性开发提供详实的参考资料，最大程度记录原有历史建筑，项目开发商、投资商静安置业集团对张园43栋共约170幢历史建筑进行建档工作，对每一幢建筑进行现状记录、历史原状考证和人文历史挖掘并进行三维BIM建模，形成历史建筑的档案资料库，并以此为基础形成《张园历史风貌保护性征收基地保护管理指南》，作为上海旧区改造和城市更新征收保护工作的重要参考。

保护——分类分级

张园已经修缮改造的西区采用了"分类分级"的保护方式，即在对现状进行详细测绘建档后明确具体的保护部位与内容，对于优秀历史建筑和区级文保点制定单幢单册的针对性保护导则，重点保护内容包含屋面、外立面、结构体系、室内空间格局及装饰部位，对其进行编号记录和精细测绘，根据导则内容提出深化的修缮措施与设计方案。此外，结构设计与机电更新策略在设计时也被纳入分级分类保护的要求范围，确保更新介入的措施不会对保护部位产生不可逆的影响，以应对建筑内部空间的提升和功能的转换。

1
张园内部商业空间

2
张园建筑立面修缮

3
改造开放的张园西区街景
〔图 1~ 图 3 均由上海静安城市
更新建设发展有限公司提供〕

4
张园荣康里立面细部
〔上海明悦建筑设计
事务所／提供〕

5
张园德庆里立面细部
〔章勇／摄〕

6

7

8

9

10

修缮——向史而新，修旧如旧

园区中有市优秀历史建筑 13 栋，区级文保点 24 栋，保留历史建筑 5 栋。改造对这些建筑本着修旧如旧、最小干预、肌理完整、可识别性、可逆性等原则进行看护型修缮，排除结构安全隐患，修复建筑立面，修补排水系统，从建筑的外观细节到室内布局都尽量保留或还原。以园内西区最知名的"张园 77 号"为例，为了解决建筑外墙风化开裂、拼花地砖缺失等问题，修缮中反复试制与建筑原始配比相同的泥纸筋以复刻建筑精致的灰塑装饰，对花色各异的马赛克拼花地砖也进行逐一标注和定制复原。总而言之，修缮更新主要采用"拆、洗、修、补、整"等方法，通过传统工艺技术复原并完善建筑功能，达到向史而新、修旧如旧的效果。

利用——产业升级与城市核心商圈的打造

将张园"留下来"后还需要让其"活起来"，项目以"一次规划，分期启动"为总体思路，规划打造了五大核心功能区域，共同推动片区的产业升级：整体的业态分布以"东静西闹，沉浸无界"为规划思路，已经改造完成。开放营业的西区以零售商业为主，吸引江诗丹顿、Dior、Gucci、LV 等国际顶尖品牌入驻，与一街之隔、以餐饮为主的丰盛里形成业态互补，共同打造"大张园"片区，进一步扩大上海南京西路商圈的规模；东区未来规划为精品酒店、创意办公场所、金融机构、公寓等，带动片区产业升级；北区设置美术馆和文化中心，建设国家非物质文化遗产展示基地；南区则设置文化演艺中心、潮流中心等文化场馆和公共活动空间，打造张园主题情景秀，与北区共同形成辐射周边市民的文艺活动基地。五大区域的分区建设融合了"文、商、旅"共同发展，最大程度地赋予张园历史风貌区以文化和商业价值，助力南京西路的核心商圈和静安区后街经济的建设，打造上海精品文旅商业板块。百余岁的张园，因此成为上海历史街区保护更新的试点与标杆，再次作为公众活动与文化娱乐的中心重回城市舞台。

7
张园 77 号首层大厅
8
修缮后的大厅壁炉
9
修缮后的建筑立面细部
10
威海路 590 弄 77 号
［本页图均由上海明悦建筑设计事务所提供］

08

Diversity and Inclusiveness of Urban Life

城市生活的多样性与包容性

城市生活的多样性与包容性决定了一个城市的活力，"活力"在城市空间中具有两方面的含义，一是指城市得以生存和继续发展的能力，二是其在日常运转中所表现出的旺盛生命力。

历史文化风貌区的保护致力于城市活力与城市文化的营造，这成为上海在城市规划管理层面展开精细化管理探索并不断将其发展与扩大的最重要契机。由于传统的控规技术指标系统仅能在增量导向的新建开发中体现出控制和引导作用，考虑到城市风貌保护与更新的现实需求，就有必要将城市建成区域的空间环境元素充分纳入建设管理的范畴之中，从而进行基于微小尺度、渐进式、日常性改造的管理和控制。由于城市街道空间是人们感知区域性风貌的最重要场所，2007年，上海以武康路为试点，在风貌保护道路层面展开空间保护性综合整治探索，并以此作为构建精细化管理模式的切入点；此后，街道层面的空间整治和保护也一直是这项工作中最受关注的内容之一。以此为基础，上海精细化规划技术方法的一个核心特征在于实行全要素管理，详尽梳理出空间中全部的物质环境要素并为其制定具体而详细的控制导则，涵盖道路沿线地块的建筑界面、公共空间、街道家具、市政设施等各个方面，补充了传统规划中的量化指标无法顾及与表达的内容。这也为城市建成环境与品质的实质性提升作出了显著的贡献，切实在空间手段上有效保护了城市的多样性与包容性。

另一方面，城市更新也意味着空间利益的再分配，于是，各方利益的均衡、社会的公平与正义也是其中的应有之义。在这一视角下，精细化管理也明确地体现出城市发展的包容性内涵，即在更新中更大程度地注重公共环境、公共服务的提升和民生的实质性改善。如武康路综合整治中除优化空间环境以外，也增添了许多面向居民日常生活需求的便民服务设施，并对道路沿线居民楼或弄口的设施设备进行了修缮和优化，切实地提升了居民的生活质量。此外，多样化的城市生活通过精细化控制手段，也更好地实现了城市公共道路从以机动交通为核心到对行人与活动更加开放的转变，有力地保证了城市公共服务设施在更新中的完善，使更新的成果能够更加契合人们的切实需要，并为更广泛的群体所享有。

在下文的案例中，除具有突出代表性意义的武康路综合整治案例外，上生·新所的更新也典型地展示了上海在精细化管理方面的探索成果及其对于城市品质提升的重要意义。该项目引入的公共服务与所在社区形成了良好的融合，有效地提升了社区的服务水平。

武康路原名福开森路，原先为南洋公学监院福开森开辟，专为南洋公学师生从白赛仲路（今复兴西路）上的马房出发，避开大量人流车流直抵南洋公学所筑。随着法租界西区的大规模房地产开发，道路两侧逐渐遍布不同时期建设的城市公寓、花园洋房，比如著名的武康大楼。2007年，位于衡山路—复兴路历史文化风貌保护区内的武康路被公布为一类风貌保护道路，这标志着上海历史风貌保护对象开始从点状建筑扩展到线性街道空间。武康路街道景观整治随即展开，并启动了道路两侧优秀历史建筑的修缮。如今，武康路已成为上海市民节假日休闲的首选地之一。

Wukang Road

武康路

风貌保护道路

武康路

景观整治

街道活力更新

■

现在名称／武康路
曾用名称／福开森路
地址／上海市静安区武康路
建成年代／1907年
保护类别／上海市第一批风貌保护道路（2007年），一类保护
修缮时间／2007—2009年（道路修缮），2007—2019年（建筑修缮）
设计单位／同济大学建筑与城市规划学院，上海明悦建筑设计事务所，上海建筑装饰（集团）设计有限公司等

武康路鸟瞰　章勇／摄

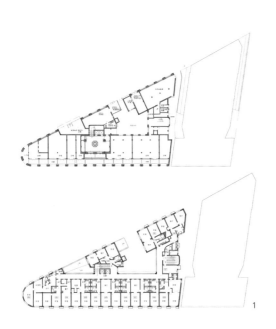

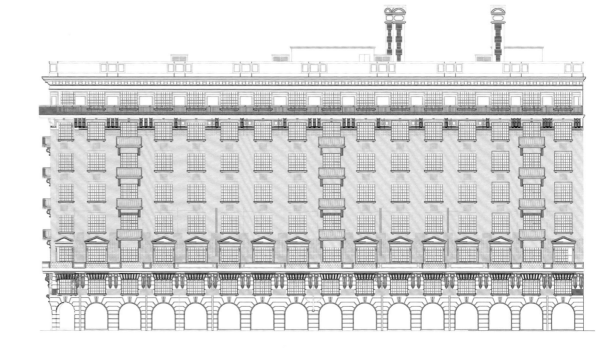

花园洋房林立的
福开森路

武康路长约 1000 余米，呈不规则的东北—西南走向，北起华山路，南至淮海中路、交通大学前。1914 年随着法租界再度扩张，福开森路所在地块被纳入租界，按照当时法国的城市建设理念，实施了道路沿线整体规划。因为有来自法国的科技、资金、文化的强力推动，福开森路两侧很快建起风格迥异的花园洋房和城市公寓，住在这里的不是政要或洋行高级管理人员，就是文化界人士，最后约有 30 处名人故居和大量优秀建筑被保留下来。

其中，最为著名的当属外籍建筑师邬达克设计的诺曼底公寓（现更名为武康大楼），它位于霞飞路（现淮海中路）与福开森路（现武康路）交会处的五岔路口，其纪念性的体量和位于街角的特殊位置成为福开森路的标志。福开森路倾斜的走向造就了许多三角形地块，建成于 1924 年的诺曼底公寓的基地正是如此。邬达克充分利用了场地的限制条件，使建筑圆弧面向转角部位，八层 30 米的体量和二层、七层的通长阳台与顶层女儿墙呼应了雄伟的城市尺度。同时，单个房间的窗户、凸出的阳台又呈现出住宅楼的尺度，规整有致的法式文艺复兴风格装饰将其整合为一体。考虑到人行道宽度不够，邬达克还在底层设计了拱廊，充分体现了建筑师的城市意识。1943 年，福开森路更名为武康路，诺曼底公寓也跟着改名为武康大楼。

风貌保护道路景观整治
激活历史风貌区

2007 年，《关于本市风貌保护道路（街巷）规划管理的若干意见》颁布，提出将风貌区内历史文化风貌特色明显的道路划为风貌保护道路，包括沿线两侧第一层面建筑、绿化等所占区域。武康路被选为第一批风貌保护道路，属一类保护，按规划要求应当保持现状或恢复历史原样，且永不拓宽。同年，武康路景观整治工程启动，主要内容包括道路两侧围墙（界面）、地面铺装和标牌系统，其中围墙系统不但能够通过颜色、材质与周边建筑相呼应来传达历史特征，而且是建立空间领域感的重要手段。在对武康路现状进行详细调查与记录的基础上，对 40 道实体围墙和 4 道栏杆式围墙进行风貌整治，尊重各道围墙原有的材质和色彩，采用砖石、水泥拉毛、干粘石等形式的不同组合，将色调整体保持在温和的淡黄灰，高度也相互接近，使整个街道的界面较为一致。围墙上部采用芦苇编制的柔性界面加以遮挡，保证了内部住宅的私密性。

同时，武康路两侧的优秀历史建筑也纷纷开展修缮工作，部分名人故居完成整治之后对公众开放。2008 年，武康大楼外立面进行了复原工程，修复具有特色的外墙水刷石和底层门厅水磨石，采用传统工艺，通过裂缝修补、机械研磨、草酸清洗、打蜡处理等五个阶段的修缮工艺，填补了水刷石与水磨石的裂缝。2019 年，武康大楼再次完成了保护性修缮工作，此次修缮作为上海历史建筑修缮、旧房改造和高空坠物治理"三合一"的示范项目，进

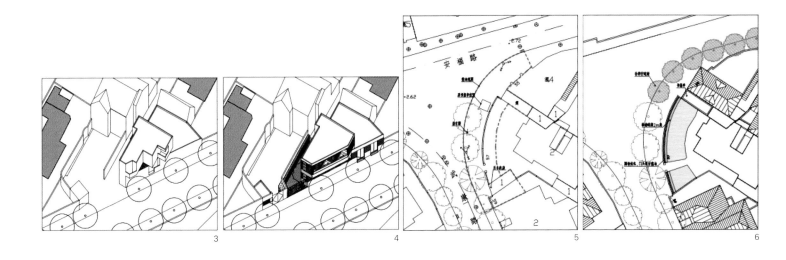

3　　　　　　　　　　　　4　　　　　　　　　　　　5　　　　　　　　　　　　6

一步加强城市精细化管理体系，探索历史文化风貌区的保护与延承。

　　整治完毕的武康路吸引了大量市民前来参观，如今已是沪上节假日休闲的首选地之一。武康路上越来越多的建筑为人所知，包括西班牙风格的唐绍仪旧居、极小住居密丹公寓和开普敦公寓、英式风格的正广和洋行大班住宅等。武康路也成为一条宣传上海城市建筑文化的鲜活街道。

7

1
武康大楼首层平面（上图）
与标准层平面（下图）
［上海建筑装饰（集团）设计
有限公司／提供］

2
武康路沿街住宅立面修缮
［上海建筑装饰（集团）设计
有限公司／提供］

3　4
武康路 216 弄 -222 号口部
及沿街整治前后轴测图
［上海泛格规划设计咨询有限
公司／提供］

5　6
武康路安福路街角整治前后
平面图
［上海泛格规划设计咨询有限
公司／提供］

7
修缮后的武康大楼
［张国伟／摄］

哥伦比亚总会是美国侨民在沪西设立的、用以承担体育活动和社交聚会的俱乐部，采用西班牙风格，由哈沙德洋行设计，以相连为一体的主楼、体育馆和游泳馆组成，中华人民共和国成立后作为上海生物制品研究所使用，历经多次加建。2016年，结合老建筑的修缮，在"15分钟社区生活圈规划"的指导思想下，梳理区域内的路网结构，其改建为一个集商业、办公、休闲、娱乐为一体的开放街区，提升了周边社区品质，并利用网络激活了老建筑的时尚效应。

Columbia Circle

上生·新所

西班牙风格建筑

15分钟社区生活圈规划

开放街区

网红效应

现在名称／上生·新所
曾用名称／哥伦比亚乡村俱乐部、上海哥伦比亚总会、上海生物制品研究所，孙科别墅
建筑地址／上海市长宁区延安西路1262号
建成年代／1924年
原建筑师／艾利奥特·哈沙德，邬达克
保护类别／上海市第三批优秀历史建筑（1999年），三类保护
修缮时间／2016—2018年
设计单位／OMA建筑事务所，华东建筑设计研究院有限公司

上生·新所鸟瞰　邵峰／摄

公共服务设施带动
周边开发的哥伦比亚总会

在如今徐汇区番禺路、延安西路交会处，掩映着一片西班牙风格的小别墅住宅区，这就是知名的"哥伦比亚圈"。最引人注目的则是美国侨民集资建造的哥伦比亚乡村俱乐部，这是一座西班牙风格建筑，由哈沙德洋行于1924年设计建造，由东侧的主楼、西北侧的体育馆和西南侧的游泳馆组成，三个部分连为一体，供美国侨民在此健身、休闲娱乐。

主楼具有显著的西班牙风格建筑特征，南立面底层采用连续拱券门洞，大门、墙角等处以毛石装饰。二层门洞以曲线形山花压顶，螺旋柱为窗棂。底层大厅同样采用两列螺旋柱来划分空间。屋顶平缓低矮，铺以西班牙筒瓦。整个外立面饰以黄沙水泥抹灰。这一粗野的风格为西班牙殖民地建筑的典型特征，它发源于美国西南部加利福尼亚海岸，因造价相对低廉、符合外国侨民对乡村的想象而在上海法租界西区获得了极大的推广。

哥伦比亚总会建成后，因其综合多样的功能吸引了大量侨民前来活动，很快带动了周边房地产市场的开发，成为了公共服务设施带动城市发展的早期先例。

中华人民共和国成立后，哥伦比亚总会所在的地块开始作为上海生物制品研究所使用，在20世纪80年代初进行过较大规模加建，主楼东侧于20世纪30年代加建的一层大厅基础上翻盖一层；将泳池开敞的底层连廊封闭，并上盖一层，柱子之间增加拱券连接，用作办公室。除此之外，还在地块内的草地上加建了其他房屋用作仓库、实验室等，大大改变了这一地块的空间格局。2016年，研究所迁出，以哥伦比亚总会修缮为起点的地块更新项目启动。

规划层面主要为两个方面内容：其一是在产权梳理、拆除乱搭乱建的基础上，对地块内的建筑进行"留、改、拆"的甄别，并梳理出公共空间的格局。经过70余年的发展，园区内部共有三十余栋建筑和纵横交错的路网，这些虽与初建时的景象迥然不同，却也经过人们多年的使用验证，沉淀为宝贵的历史记忆。因此，规划一方面尊重园区路网的肌理，另一方面结合消防车道、登高场地等硬性要求，考虑未来的使用功能，在原先致密的空间环境中辟出广场和绿地。对于园区内的建筑，综合考虑其质量和价值，有目的地选择具有不同年代特征的建筑，通过测绘和房屋结构质量检测，判断再利用的可能性和改造代价，确定最后留存和改造的部分。其二则是在新阶段城市有机更新的要求下，植入新功能以激发地块活力。2015年的《上海市城市更新实施办法》明确提出了"15分钟社区生活圈"的规划要求，明确要求以完善公共服务设施为手段，来提升社区的服务水平。历经长时间的建设，哥伦比亚总会所在的区域早已建起高密度居住区，公共服务设施则相对老旧、落后。针对这一现状，规划提出以创意办公、时尚文化为园区整体特色和基本功能定位，植入共享办公、公共开放空间、文体商业等内容，并全年、全天候向市民开放，使之真正成为一个开放街区，使哥伦比亚总会再次成为周边社区发展的触媒。

在提升周边社区环境和知名度方面，哥伦比亚总会的修缮也发挥了重要作用。修缮与园区规划一样，并未一概抹杀原来的建设痕迹，而是有选择地进行保留，同时又着力突出西班牙风格建筑特征，复原黄沙水泥抹灰、毛石转

1
哥伦比亚总会1920年代
历史照片
2
泳池历史照片1
3
泳池历史照片2
4
泳池历史照片3
［本页图均由华东建筑设计研究院有限公司提供］

角、曲线山花压顶和螺旋柱等要素。游泳池并未被列为优秀历史建筑，但设计者敏锐地捕捉到了其与当下时尚秀场之间的相似性，修复马赛克贴面泳池，将双层拱廊以素色裹面，两侧配房改建为餐饮休闲店铺。改造后的泳池成为大量游客拍照的地点，在网络上迅速流传走红，获得了前所未有的传播和推广。

孙科别墅

1928 年左右，美商普益地产公司开发建造"哥伦比亚住宅圈"，公司经理聘请建筑师邬达克设计其中的一部分建筑。孙科别墅原为邬达克自己的住宅，于 1931 年建成，建筑面积为 1272.74 平方米，属于以西班牙和意大利文艺复兴风格为主的混合风格，主要由主楼、附楼、门卫室和花园组成。其中主楼为砖、木及混凝土混合承重结构，附楼为砖混结构，门卫室为砖木结构。邬达克在别墅建成后还未曾入住就将房子转让给孙中山之子、民国时期的政要孙科，作为其在上海的主要住处。孙科别墅于 1989 年 9 月 25 日被公布为上海市文物保护单位，同时也是上海市第一批优秀历史建筑。根据上海市文物局 2017 年 9 月下发的《行政许可决定书》，孙科别墅保护级别为一类保护，即建筑的立面、结构体系、空间格局和内部装饰不得改变。

1953—2003 年，孙科别墅作为上海生物制品研究所的办公场地，内部空间在原有基础上被分隔成了更多小空间，其中一间卧室被分隔后供两至三个办公部门共同使用。从住宅改为办公用房的室内空间电线交错，室外杂物堆积。2003 年，上海生物制品研究所自行斥资，参照老照片和图纸，以严谨的态度开启了孙科别墅的修缮工作，尝试将 1931 年建筑师所营造的空间彻底复原。

别墅南侧花园在 1963 年之前为大草坪，并有一条小路贯穿其间；草坪东南角有一棵焦点植物，草坪四周绿植环绕。有一段围墙与主楼东北角相连，将花园与北侧道路隔开，建筑南侧室外平台中心有一尊女性雕像。20 世纪 70 年代左右，南侧花园改造为十字轴线形，东南角以原焦点植物为中心开挖水池，建筑南侧平台中心的雕像不复存在，改放盆栽。2003 年建筑修缮时花园东北角的围墙被拆除，建筑南侧平台的红色小缸砖被替换，同时花园内配置了棕榈等植物，现状花园基本维持了 1978 年的样式。

孙科别墅
二次保护修缮工程

2016 年万科集团开始对延安西路上海生物制品研究所的原有建筑和场地进行更新改造，孙科别墅也成为更新项目中的重要子项。此次保护修缮工程将建筑外立面、屋面、南北入口门廊、主体结构、空间布局、楼梯及扶手作为重点保护部位，消除结构安全隐患。通过历史考证和价值评估，最大程度地恢复原建筑的历史风貌和装饰特色，并结合当代功能需求增加必要的设备设施，提升建筑使用性能，同时也对建筑的周边环境进行整治。在保护特色景观装饰及有价值的树木的基础上，对其他环境元素进行梳理，力求真实完整地呈现其历史风貌，修旧如旧，延续文脉。除了重点保护的主楼以外，附楼、门卫室和花园里的喷泉水池等周边环境也纳入了保护范畴。

主楼建筑北立面延续南立面外墙饰面的造型特点，但较南立面装饰有所简化。装饰重点是立面中心的入口下客门斗和楼梯间的外窗。凸出立面的门斗正立面为尖券立面，内部为拱型门洞和采用铅条玻璃窗的木门。此区域对应的室内部分为北部楼梯，楼梯间外窗为尖拱券窗，采用黄色铅条玻璃。南北立面主要处理了泛潮、水渍、三层后加的玻璃篷、落地推拉门

 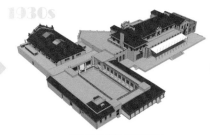  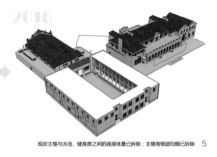

1924年建成初期　　　　1930年代主楼东侧加建一层单跨平屋面房间　　　　1980年代主楼东侧加建二层坡屋面；游泳池加建二层　　　　现状主楼与泳池、健身房之间的连接体量已拆除；主楼南侧遮阳棚已拆除　5

6

7

以及立面上杂乱的管线等。主楼东西立面相对简化，延续了拱券门窗洞等装饰元素，东北立面凸出的弧形墙面设置拱券和小阳台。东立面左侧二层中部原为门，现状门被改建为窗，阳台已被拆除。西立面三层露台的挡雨木结构玻璃篷为后期加建，同时西立面安装有空调外机等，管线杂乱，影响整体建筑立面风貌。

此次修缮将建筑外立面作为重点保护修缮部分，对主、附楼外立面进行综合整治，拆除了主楼三层后期搭建的玻璃篷、加建的落地推拉门，恢复局部支撑结构。同时还拆除附楼北侧后期加建的两跨建筑。整体修缮在保护主楼特色格局、重点元素以及空间特性的基础上展开，设计结合重点保护内容将楼内的特色格局及保护元素整合，对建筑进行室内布局更新以及机电系统改造。

孙科别墅的二次保护修缮工作十分仔细，对保护元素如门窗、五金件、木护壁、螺旋装饰柱、壁炉、水磨石地坪、黑白棋盘格地砖、木楼梯，以及2003年修缮时更换的木地板都进行了清洗及修补。在考虑与建筑原有功能协调的基础上，结合"万科之家"文化艺术展示、商务会务、艺术沙龙等新功能，植入与原风格相协调的家具、软装、灯具、设备等，以满足当代使用需求。

14

15

16

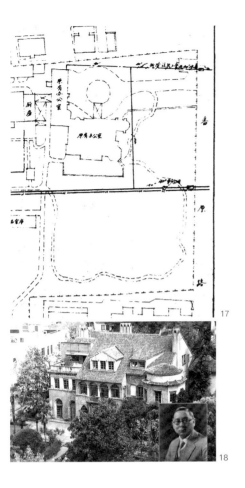

17

18

19

20

今潮8弄位于上海市虹口区18号街坊地块的"滨港商业中心项目"范围内，改造前地块内有8条弄堂、60幢石库门房屋和8栋独立建筑，
其中包括百年豪宅"颍川寄庐"、石库门弄堂社区"公益坊"和中西合璧的"宸虹园"等优秀历史建筑。
2014年虹口区政府完成对其所在的18号街坊的征收，2018—2022年完成土地出让和修缮开发工作，
街区进行了全面的建筑保护修缮并以艺术商业赋能。焕然一新的里弄街坊、新潮前卫的艺术空间、
热闹非凡的海派集市吸引了各个年龄段的市民，容纳着丰富多彩的城市生活。如今这一地块更名为"今潮8弄"，
寓意8条百年弄堂焕发新生，在城市更新的时代再立潮头。

The
Inlet

今潮8弄

海派弄堂建筑

策展型商业地产

艺术潮流文化体验

以用促保

现在名称／今潮8弄
曾用名称／公益坊
建筑地址／上海市虹口区四川北路989弄
建成年代／20世纪20—30年代
保护类别／上海市第三次全国文物普查不可移动文物（文物保护点）；
上海市第五批优秀历史建筑，三类保护
修缮时间／2018—2021年
设计单位／DP建筑师事务所，上海章明建筑设计事务所（有限合伙）

今潮8弄鸟瞰 大美房地产开发（上海）有限公司／提供

发展和更新背景

项目所在的地块原为虹口区18号街坊，始建于20世纪20年代，包括8条弄堂及其中的60幢石库门房屋和8栋独立建筑，其中的颍川寄庐原为广东籍商人陈氏兄弟的独立住宅，是石库门住宅的典型代表；宸虹园原为粤商修建的"赵家花园"的主建筑，建筑风格融汇中西，属历史保护建筑；公益坊原为广东人聚集居住的石库门里弄住宅，具有海派建筑风情。

在城市化进程中，随着不断的搭建，建筑的原貌逐渐被掩盖，街区的设施条件也逐渐不能满足居民的日常生活需要。2014年，虹口区政府对18号街坊进行"留房不留人"式房屋征收，在原有建筑征收完成后，按照规划要求对其实施保留保护改造和重新利用。2018年，土地出让工作完成，由崇邦集团进行商业开发，并对地块内的保留保护建筑进行修缮。18号街坊整体定位为"滨港商业中心项目"，于2018年启动整体规划设计，如今的"今潮8弄"位于其中的东北部地块。彼时，公益坊与四川北路沿街建筑都处于严重损坏的状态，在此情况下，如何用规划延续城市文脉、用设计体现时代面貌，成为项目的核心命题。

改造理念——应保尽保、修旧如旧、新旧并举

项目改造以"应保尽保，修旧如旧，新旧并举"为理念，尽可能保留原建筑肌理。项目业主决定将场地上所有老建筑进行原址保留与修缮，这一决定为片区规划和建筑设计定下了基调。改造中除了对老建筑进行修缮外，还新建了面积为1695平方米的新商业楼，新老建筑被赋予同等的重要价值，保留各自的时代特点并形成了鲜明的对比。

在片区设计层面，项目从场地四周开始进行规划，东侧紧邻四川北路新建2号商业楼作为颍川寄庐前的园区门户，延续了四川北路历史商住街区的连续界面节奏；北侧因原地铁工程拆除建筑而遗留下的消极空地，也根据原有建筑的立面节奏设计景观构筑物，概念性地"还原"了四川北路与武进路交叉口的街区边界，并通过行人友好的场地设计为公共商业活动创造最佳条件。对场地上原有的大树进行保留，保持场地内外的视觉通透性，增加多个灵活拼接、色彩明快的"空间架子"用于承载户外餐饮、临时商业、即兴演出等活动，通过严谨的商业规划和大胆的景观建筑元素植入形成完整的、充满活力的城市公共空间体系。

在建筑单体层面，8条弄堂及其对应的石库门建筑群均得到了妥善修缮改造。对于历经百年的公益坊，由于其存在严重的砖木结构破损、墙体变形等问题，修缮时采取了不落架的方式置换其内部结构，以钢筋混凝土筏板加固建筑基础，以钢结构置换主体结构和屋面，从而将建筑承重由外立面转移至新增钢结构。清水墙外立面则采用单面钢筋网片拉结的方式保护加固墙体内侧。新植入的结构既保留了建筑的原始风貌，同时提升了建筑性能，并为后续运营植入新功能提供了空间上的灵活性。对于百年豪宅颍川寄庐，则尽可能地复原其原始面貌，以局部遗留的构件为蓝本进行定制，依照历史样式复原其天井、木楼梯、彩色水泥地砖、门窗等，恢复建筑的历史韵味。

1
颍川寄庐的立面修缮细节
2
修缮后的颍川寄庐室内木楼梯
3
修缮后的颍川寄庐外立面
［本页图均由大美房地产开发（上海）有限公司提供］

策展型商业地产驱动的
更新模式

　　项目片区的改造不仅在物质层面保留了里弄住宅区原有的肌理和空间尺度，还从精神层面延续了场地的文化基因。早在百年以前，项目所在的虹口区就是文化与艺术的沃土，而四川北路一带更是上海著名的"华洋杂处，五方会聚"的活力街区。这里是中国电影业重要的发祥地之一，更是上海文化出版业最发达的地区。20 世纪 20 年代末至 30 年代中期，公益坊因为地处相对安全的公共租界，曾经是大量左翼文化人士从事进步出版事业之地，鲁迅、瞿秋白、丁玲等文学家都曾驻足于此，由此可见场地深厚的历史底蕴和文艺基因。

　　因此，改造将片区与艺术活动进行结合，定位为"年轻灵魂的聚集地"。在 2021 年今潮 8 弄开业之初，园区就宣称要与知名艺术机构共同打造艺术生活街区，建立"无边界青年创想中心"，打破历史街区的功能壁垒，注入当代艺术展、名家工作室、观影演出等文化功能；颍川寄庐成为承载小型艺术馆、创意工作室的新空间；公益坊通过整体保护性修复，被改造为文化展示与商业空间；宸虹园则将在修缮后结合新建部分成为上海文学馆，共同打造上海文化艺术新地标。园区至今已开展了"城市奇遇空间艺术展"和"青艺无界青年艺术展"等活动，展出多件公共空间艺术作品，引发市民的广泛关注。总而言之，今潮 8 弄在"留"好历史建筑的基础上注重"修"和"用"，以沉浸式海派潮流文化体验打造城市生活的新热点，称得上是城市文脉全过程保护和再生利用的一次积极探索。

4
修缮后的颍川寄庐内院
5
修缮后的颍川寄庐室内空间
6
改造后的今潮8弄
7
今潮8弄武进路鸟瞰
[本页图均由大美房地产开发（上海）有限公司提供]

310

建业里位于旧时的法租界、如今的衡山路—复兴路历史文化风貌区内，始建于1930年，改造前曾是上海留存的最大的石库门里弄建筑群。建业里更新鲜明地体现出了基于建筑既存状态和经济利益诉求的两种不同改造策略，西里对既有的历史遗存实行了原物保留和修缮再利用，而中里、东里则选择了将原有建筑彻底拆除后再根据历史风貌进行重建。建业里更新引发了至今不息的关注和讨论，涉及到历史建筑保护性开发的具体理念与模式、项目运作机制，以及城市历史文化等公共资源的资本化、私有化等多个角度的问题。

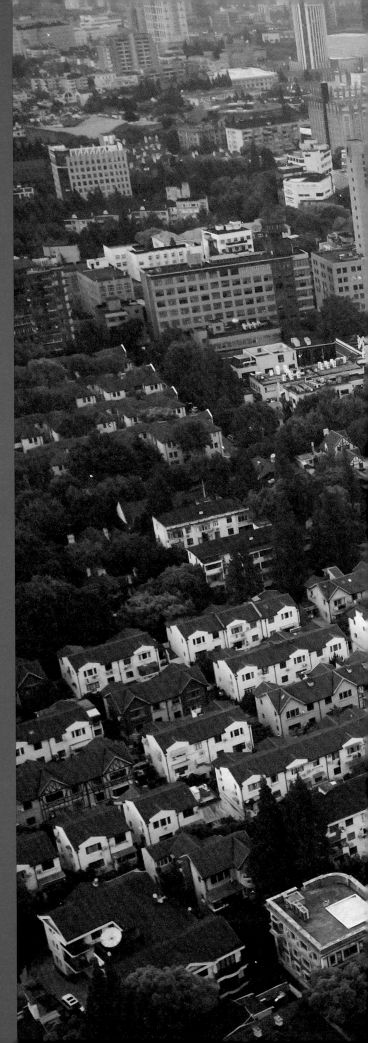

Jian Ye Li

建业里

石库门里弄

城市更新

历史文化风貌区

现在名称／建业里
曾用名称／建业里
建筑地址／上海市徐汇区建国西路440弄、456弄、496弄
建成年代／1930—1938年
原建筑师／法商中国建业地产公司
保护类别／上海市第二批优秀历史建筑（1994年），四类保护
修缮时间／2010年
设计单位／波特曼建筑设计事务所，华东建筑设计研究院有限公司，
上海章明建筑设计事务所（有限合伙），Kokaistudios

建业里鸟瞰　章勇／摄

建业里改造的
过程

　　建业里位于徐汇区建国西路和岳阳路交点处西北角，最初由法商中国建业地产公司所建，近代时期主要居住者为中高收入的中国家庭；其建筑风格秀丽雅致、独具特色，马头山墙等元素在上海里弄中比较少见因而具有明显的标志性。1994 年，建业里被确定为上海市第二批优秀历史建筑，而后在衡山路—复兴路历史文化风貌区保护规划中，也被列为最高等级的保护建筑。

　　作为具有正式保护身份的历史建筑和上海市最早的保护式整治试点项目之一，建业里更新的原初愿景和期待在于探索历史建筑保护性开发的适宜途径。在现实的改造进程中，在保护性开发的原初定位上，建业里更新采用了相对更加激进而具有探索性的处理原则和策略，其中结合了较高比例的拆建处理。具体而言，对于基地内品质更高、保存情况也更好的西侧部分，更新中以原建筑保留和修缮作为基本态度，修缮完成后进行功能的置换；而对于同样具有保护身份的中里和东里部分，更新则选择将其拆除后原样复建，维持原有的建筑格局和空间肌理。从功能层面看，改造后的建业里西里主要用作高档酒店式公寓，中里、东里复建后成为 51 个高档住宅单元，此外，沿建国西路的街道界面上设有约 4000 平方米的商业空间。

建业里改造的
特征和局限

　　在"修旧如旧、建新如旧"的总体思路下，建业里更新后在城市空间肌理上的变化不大，基本维持了历史样貌，并有较高的环境质量。但从城市社会空间均衡和历史文化保护的层面看，建业里更新较突出地反映了政府与市场合作模式下以经济利益为核心诉求的城市更新对历史文化资源的私有化和商业化侵占：为了开发利益最大化，建业里更新将原有的一千余户居民尽数移出；借助历史里弄所承载的文化想象与认同，开发者在后续的功能定位中将其塑造成了上海中心城区价格高昂、服务于特定高消费人群的商业酒店空间。于是，相较于更新前，更新后的建业里成为了更加私密的高端社区，表现出中产阶级化（gentrification）特征。此外，为尽可能寻求经济利益，建业里更新项目拆除了具有正式保护身份的历史建筑，这在上海的里弄更新和保护项目中成为罕见案例。因此，可以说建业里更新是商业导向、政商协作下依托城市历史文化资源实现经济效益的典型代表，城市风貌的恢复主要依托设计手法来实现，其原本被赋予的探索上海历史建筑保护性开发和再利用模式的意义未能充分实现。

1　2
建业里酒店外立面
3
建业里建筑外立面图
4
建业里沿街商业外立面图
5　6
建业里建筑外立面改造前后对比
［本页图均由上海建业里酒店管理
有限公司提供］

7

8

317

09

Adaptation and Responsiveness of Urban Environment

城市环境的应变性与回应性

历史建筑处于城市建成环境之中，在漫长的岁月变迁中镌刻风霜，而环境与其所代表的社会生活形态和需求也在这个过程中如绵长流水般变易迭代。因此，更新往往意味着建筑与环境在对彼此的回应和尊重中逐步重新取得内在的契合。

　　整体性城市环境在更新中的应变性，是指通过对历史建筑功能、空间、使用主体与使用方式等的重塑和再造，使其以新的身份与角色再度适应并嵌合进已然发生显著变化的城市生活；而回应性则体现在这种改变对城市的发展更加主动、积极的推动意义，即历史建筑的改造成为周边更大尺度区域活力激发、转型和复兴的重要契机与促进力量。在整体性风貌保护的视角下，这也代表了一种促使历史建筑与城市环境发生更加深刻的呼应与交织的整合性理念。

　　在建筑学视野中，城市环境的应变性和回应性也反映出一种有关建筑本质和意义的核心态度，即将建筑的目的和意义更多地建构在其与空间、时间、现实社会生活的结构性"关系"而非独立于一切外在事物的"自主性"之上，去寻找建筑和连续变化的生活实践间的共鸣，回应社会当下的需求并有力地推动其更好地发展。这也是历史建筑的保护与更新对于城市更加重要的价值所在。

　　上海第一百货商业中心的更新基于土地权属垂直划分的精细化管理理念和手段与现行城市道路管理规范，在二者之间形成了创造性的平衡，促成了单一通行功能的空间与城市商业及公共活动形成良好的复合，激发了城市空间的活力。基于江湾体育场的创智天地开发等案例较好地实现了现实生活与需求的发展对历史建筑功能、空间的适应性调整。同时，下文案例中的历史建筑也分别对其周边城市区域在整体层面的更新和发展发挥出鲜明的带动或优化作用，是建筑与城市环境相互嵌合并深刻联结的良好体现。

大新公司为20世纪30年代上海百货商店建筑中的翘楚，是国内第一家拥有轮带式自动电梯的商场，后成为百联集团下属百货商店。
2015年底，百联集团开始着手将上海南京路步行街西首的上海市第一百货商店（即大新公司）、一百商城、
东方商厦三栋既有百货大楼合并升级为第一百货商业中心，打造符合当代需求的商业空间。
位于三栋楼之间的六合路上盖廊街突破了土地使用权属的限制，不仅承担起连接三栋建筑的核心任务，
更还原了历史建筑的本来面貌。

Liuhe Commercial Street of Shanghai No.1 Shopping Center

六合路商业街 第一百货商业中心

保护性改造

公共廊街

产权和管理权属分离

◆◻
◻◻

现在名称／第一百货商业中心六合路商业街
曾用名称／大新公司
建筑地址／上海市黄浦区南京东路830号
建成年代／1934—1936年
原建筑师／基泰工程司
保护类别／上海市第一批优秀历史建筑（1989年），三类保护
修缮时间／2016—2018年
设计单位／同济大学建筑设计研究院（集团）有限公司

第一百货商业中心六合路商业街鸟瞰　章勇／摄

大新公司：国内第一家
拥有轮带式自动电梯的商场

大新公司地处南京东路与西藏中路交叉口，原址是一家英美烟草公司的代销和批发店——荣昌祥。澳大利亚华侨蔡昌看中这块风水宝地后，斥巨资买下，延聘基泰工程司进行设计，第一代留学归国的知名建筑师关颂声、朱彬、杨廷宝和杨宽麟均有参与，1934 年由馥记营造厂破土动工，1936 年建成。大新公司曾经是沪上继永安、先施和新新公司之后设施最为先进的百货商场，是中国首个拥有轮带式自动电梯的商场，也是第一个在地下空间开辟商场的百货店。

大新公司为十层钢筋混凝土框架结构建筑，高 42.3 米，是南京东路西首的标志性建筑物。大门设在南京东路与西藏中路交叉口，为适应街角地块形态，该方向在平面上被处理为弧形。立面以竖向线条的装饰为主，为简洁的装饰艺术风格，底层外墙用青岛黑色大理石贴面，其上各层贴奶黄色釉面砖，底层与二层交接处用通长的水平遮阳板进行分隔。屋顶上的栏杆、花架上的挂落等细部均以变形的中国传统图案装饰。建筑采用框架结构，室内柱距较大，铺面宽敞，平面布局较为灵活。大新公司建成后，吸引了大量人群前来参观，后来居上，跻身近代上海"四大百货公司"之列。

公共用途廊道的产权和
管理权属分离

中华人民共和国成立后，大新公司收归国有，更名为第一百货商店（简称"市百一店"），后又并入百联集团。之后在其北部建成

一百商城、在其对面建成东方商厦，南京东路西首百货公司群组形成。2015 年底，百联集团决定为这三座建筑之间的六合路上盖廊街，将其合并升级为第一百货商业中心，打造符合当代需求的商业空间。

然而，这个城市微创手术却面临着极其复杂的问题。首先，六合路是一条仍然具备机动车通行需求的市政道路，需要保留其市政道路属性，所有新增结构不得跨越道路红线，这与商业廊街步行化的要求相矛盾。其次，市百一店已于 1989 年被列为上海首批优秀历史建筑（三类保护）、上海市文物保护单位，外立面及结构形式不得改变，新增顶棚及新增连廊均不得触碰历史建筑。

在如此严苛的条件下，经过与市政部门反复讨论，最终决定对六合路的使用权和管理权在垂直方向上进行分离：六合路在底层优化为机动车限行道路，满足消防车辆及机动车临时通过要求，消除一直以来缺失消防登高场地的隐患；其上方的开发权则转让给百联集团，并由百联集团出资统一完成道路及其上方的改造。同时，百联集团也接管了六合路的运营管理。针对这一"融合"的磋商结果，设计上也作出了回应：优化步行环境，取消市政人行道 10 厘米的上街沿高差，扩大整体街阔尺度；车行道与人行道采用同材质不同规格的烧毛花岗石地坪铺装，改变了市政道路的刻板形象。

与此同时，廊街的建造考虑到了历史建筑保护的要求。东方商厦与市百一店之间三、四、五层的原有全封闭连廊，严重遮挡了市百一店的立面。为了更好地展示历史保护建筑风貌，拆除了三、五层连廊的封闭界面，形成半室外连廊；四层连廊采用通高玻璃肋超白玻璃幕墙替代原明框玻璃幕墙，削弱既有连廊的

1
大新公司历史照片
[来源网络：https://
www.whb.cn/zhuzhan/
xinwen/20180605/
199927.html]

2
第一百货商店历年加建过程
[上海建工／提供]

3
加建的六合路商业街实景
[章勇／摄]

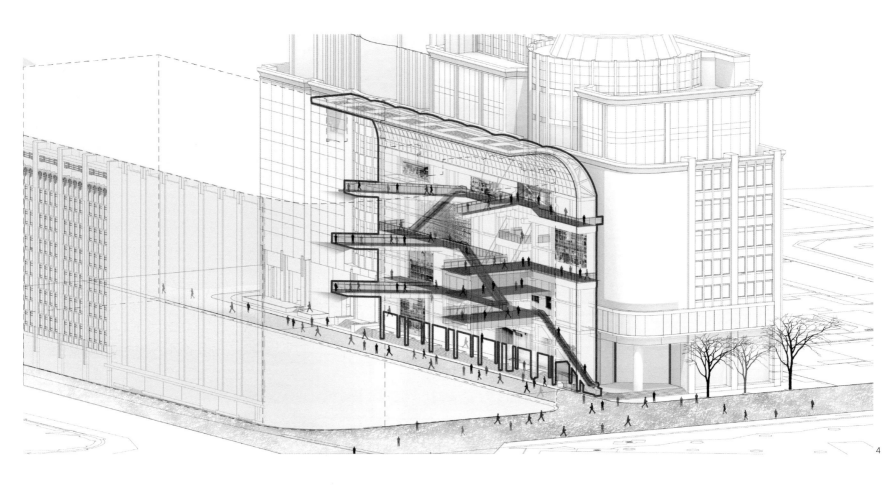

体量感，在新旧材料的对比中凸显文保建筑的历史厚重感。

新的廊街在距离东方商厦仅6米的可建造范围内上盖，以悬臂式挑棚的形式完成顶部空间的围合：设置双排43.75米高钢立柱，自成独立稳定结构体系，并向市百一店一侧弯曲悬挑，形成15米大跨度悬挑顶棚，轻盈地悬置于历史建筑之上，形成半围合的空间形态。结合新建立柱，以拉杆形式在东方商厦与市百一店的七层之间新建一条空中连廊，保证

了与文保建筑的结构脱离关系，同时呼应了既有连廊的拉索结构形式。三、五、七层新建的连廊与一百商城之间则采用滑动支座的形式支撑。改造与新建的七条连廊，加上靠近东方商厦在三、五、七层新建的半室外平台，以及连接各平台的跨层飞梯，在六合路的上方立体交织，共同构成了一个完整丰富的商业路径网络。

采用有限介入的方式，六合路半室外商业廊街项目通过整合现有资源，与各部门通力协

作、积极对话，完成了市政与商业在垂直方向上的土地分层使用与管理，重新发掘历史建筑的价值，将单一功能的城市空间转型为复合多样的城市生活容器。

4
结构不触碰历史建筑
〔原作设计工作室／提供〕
5 6 7
加建的六合路商业街内部
空间实景
〔章勇／摄〕

325

上海市体育场建成于1935年，由董大酉设计，钢筋混凝土结构，是1929年国民政府"大上海计划"的重要组成部分。
1954年，国家体委和上海市人民政府将"上海市体育场"更名为江湾体育场。2000年初，伴随着杨浦区"知识创新区"发展目标的提出，
以江湾体育场的修缮再利用为契机，结合五角场大学林立的资源，这一地区开始发展科技园，
同时为科技创新人才建设配套的服务设施、住宅区和商业街。体育场成为健身、漫步的好去处，平衡了这一新建区域的功能。
随后，以江湾体育场为起点的"创智天地"开发有效利用了历史建筑资源，激活了整个街区，推动了五角场地区的转型发展。

Jiangwan Stadium

江湾体育中心

大上海计划

创智天地

区域激活

现在名称／江湾体育中心（江湾体育场）
曾用名称／上海市体育场
建筑地址／上海市杨浦区国和路346号
建成年代／1935年
原建筑师／董大酉
保护类别／上海市第一批优秀历史建筑（1989年），三类保护
修缮时间／2002—2006年
设计单位／同济大学建筑设计研究院（集团）有限公司，SOM建筑设计事务所

江湾体育中心鸟瞰　章勇／摄

"大上海计划"中的国际性体育活动设施

在如今的国和路 346 号,有一组远看气势恢宏,近看细节精美的体育场馆建筑组群,这组如今被称为江湾体育中心的建筑位于"大上海计划"区域的西南角、如今上海城市副中心之一五角场的东北角,由运动场、体育馆和游泳池组成,占地约 235 公顷。该建筑群组与"大上海计划"中的其他建筑一样,采用"民族复兴式"风格,在当时日军步步紧逼的环境下,有"勿忘国耻"之意。

运动场为椭圆形,共 2 层,设有 500 米标准环形跑道,中间为草皮足球场,可容纳 4 万人。东西看台为汉白玉砌筑,高 20 米,共 3 层。西司令台正门立面设 3 座高 8 米的拱形大门,建筑上部和檐部点缀中国传统图案装饰和线脚,左右顶端各有古铜色大鼎 1 座,用来插放火炬。外立面为清水红砖墙,东西入口仿中国传统牌楼,三孔券门,斩假石饰面,底层设 6 米宽回廊一周,有 34 个出入口,比赛结束后 5 分钟内即可完成疏散。

体育馆上盖钢架拱形屋顶,半径跨度 30 米,层高 20 米,以 10 孔天窗采光。看台宽 11 米,共 13 级,可容纳 5000 多名观众。中央比赛场地长 40 米,宽 23 米,铺设双层木板,可举行篮球、排球和体操等比赛。

游泳馆为 3 层建筑,高 18 米,底层为大厅,二楼为休息室,三楼为贵宾厅。观众移步走出休息室或贵宾室即为看台,看台为钢筋混凝土结构,可容纳 5000 名观众。游泳池长 50 米,宽 20 米,浅水区深 1.20 米,深水区深 3.18 米,设 8 条泳道,池身全铺白色马赛克,池岸为紫红色缸砖,室内墙面贴淡黄色面砖。

江湾体育中心建筑群是当时中国最为现代化的体育建筑群,也是 20 世纪纷乱历史的一个截面。

创智天地:历史建筑修缮与科技创新的相遇

中华人民共和国成立后,上海市体育场改称江湾体育场,一直作为体育场地持续使用,但其设施日渐破败。2000 年初,原先的大工业区杨浦区开始进行经济结构转型,五角场江湾一带因临近各大高校被辟为科技创新产业园区。瑞安集团将江湾体育场划进整个开发片区的用地范围内,使之成为"创智天地"的开发原点。

基于"新天地"项目的经验,瑞安集团充分意识到了历史建筑修缮再利用对于新区开发建设的重要推动作用,从设计理念上就奠定了江湾体育场的关键角色。首先,结合老建筑修缮,在其保护控制范围内植入咖啡馆、创意商铺等商业设施,使得修缮后的体育馆不仅保有原来的功能,业态上还变得更加复合和多元;其次,在总体规划中,体育场成为"创智天地"设计的起点。体育场与一般地坪标高相差 5 米,设计就势将其转变为下沉广场,预留当时尚在建设中的地铁出口,以广场对大量人流进行疏导,引导其进入创智天地。同时广场还能成为大型活动的举办地。另一方面,新建的大学路强化并延伸了体育场的中轴线,不仅将复旦大学和创智天地、江湾体育场联系在一起,也成为创智天地业态布局的依据:道路两侧底层是商铺,上方为多层办公空间和住宅,结合绿化景观,形成怡人的步行环境。从功能配置上来说,以上海"硅谷"为发展目标

1
江湾体育场司令台
2
江湾体育中心建筑群鸟瞰
3
第六届全国运动大会开幕式
[左页图均来自《上海老房子的故事》]

4
江湾体育场前广场鸟瞰
5 6
创智天地内部庭院
[右页图均由 SOM 建筑设计事务所提供]

的创智天地希望为创新人才提供舒适的工作、生活、休闲一体化的环境，体育场是休闲运动的中心，也是创新人才生活中不可或缺的一部分，从这个意义上来说，体育场是创智天地生活的象征。

在多年的经营运作之后，如今，江湾体育场所在的创智天地已经成为全上海知名的新兴社区，证明了历史建筑修缮更新对于城市区域复兴的显著推动作用。

8

9

Postscript
后记

　　上海的城市更新并不是一个孤立存在的议题，它伴随着上海快速城市化发展的全过程，触及城市发展的方方面面。从千年之前东海之滨的小渔村，到700多年前江南水乡的新县城；从1843年开埠，到1990年的浦东开发，乃至今时今日，城市更新的进程仍在继续。与世界很多知名特大城市一样，上海经历过城市快速扩张、人口剧增、基础设施缺乏等阶段，也面临着旧城老化、服务能力不足等存量时期的问题。

　　上海在新一轮城市总体规划中的愿景是建设一座卓越的全球城市。在建设国际经济、金融、贸易、航运"四个中心"的基础上，着力从城市竞争力、可持续发展能力、城市魅力3个维度打造更加开放的创新之城、更加绿色的生态之城、更加幸福的人文之城。上海以它独特的城市身份与地理条件，探索着具有上海特色的"城市有机更新"道路。

　　上海作为国家公布的第二批历史文化名城，有着丰富的历史文化资源。在关注历史传承与魅力塑造、突出城市特色、提升城市魅力的城市有机更新视野中，历史建筑作为构成城市文化属性的重要空间载体，扮演着上海城市生命的重要有机组成部分。它的保护与利用无疑对延续历史文脉、保存地域文化、塑造人文精神具有重要意义，其中既涉及物质空间的持续更新，包含建筑修缮、街区道路和城市环境的持续更新，也包含城市治理模式、精细化管理制度的动态更新等。历史遗留的岁月痕迹让城市具有独特的可辨识性，投射着一座城市经历的风风雨雨，也正是不变的历史建筑与变迁的生活场景的并置，让记忆得以被叠加封存，形成经久绵长的历史卷宗。

　　上海城市有机更新的导向已从过去的"拆改留"转变为"留改拆"，从过去的"大拆大建"转变为"以保护保留为原则，拆除为例外"，并逐步形成了由"点"（文物建筑、优秀历史建筑）、"线"（风貌保护道路、河道）、"面"（历史风貌区、风貌保护街坊）等空间形态相互交织的保护体系，建立了相对完善的保护制度。在"点"的保护上，从小尺度建筑内外的修缮改造到大尺度建成环境的改善，提取历史建筑和历史文物的肌理原真性价值，以单个建筑的修复带动整体区域的发展。在"线"的保护上，风貌保护道路的更新激发了街区活力，滨水岸线工业遗产的再生将集体记忆呈现于现代生活的公共空间中，重塑了水岸两旁丰富的生产生活活动。"面"的保护主要包括对历史风貌和保护街坊进行区域性的整体保留，以及对历史空间肌理进行整体保护，综合考虑空间活力、公共空间功能、慢行系统、公共服务设施、市政安全等要素，以形成城市可持续的发展力。

　　本书以上述视角为切入点，梳理上海城市有机更新历程，呈现渐进的、有序的、动态的城市新陈代谢过程的具体样貌，以期在有机更新已成为存量时期城市发展的主要模式、也是未来城市治理的关键抓手的当下，提供上海经验。

Bibliography
参考文献

01

原吴同文宅

[1] 上海市城市规划设计研究院，上海现代建筑设计集团，同济大学建筑与城市规划学院，2014. 绿房子 [M]. 上海：同济大学出版社.

[2] 周瑾，2014. "绿房子" 修缮中的陶艺砖研制 [J]. 上海工艺美术 (4): 26-27.

[3] 左琰，刘春瑶，刘涟，2017. 从国际饭店到吴同文住宅——邬达克现代派建筑中的装饰风格研究 [J]. 建筑师 (3): 43-50.

徐家汇源

[1] 卢永毅，2016. 徐家汇观象台的修复与再利用 兼谈真实性的历史维度 [J]. 时代建筑 (6): 116-125.

[2] 杨孝鸿，2005. 传教士与西洋美术在近代上海的传播 [J]. 艺术探索，19(2): 10-15.

[3] 张斌，卢永毅，2016. 辩证的真实性：徐家汇观象台修缮工程 [J]. 建筑学报 (11): 30-37.

[4] 朱嫣，2019. 上海徐家汇天主教堂外墙面修缮 [J]. 住宅科技，39(7): 21-26.

上海音乐学院

[1] 丁善德，1987. 上海音乐学院简史（1927—1987）[M]. 上海：上海音乐学院出版社.

[2] 徐风，2005. 上海音乐学院改扩建规划设计 [J]. 城市建筑 (9): 60-63.

02

上海音乐厅

[1] 薛林平，黄斯聪，2014. 上海南京大戏院建筑研究 [J]. 华中建筑，32(4): 112-117.

[2] 章明，陈绩明，2005. 上海音乐厅整体平移和修缮工程 [J]. 建筑学报 (11): 36-38.

[3] 郑华奇，蓝戊己，朱启华，2004. 上海音乐厅整体迁移限位技术的研究与应用 [J]. 施工技术 (2): 9-11.

上海市历史博物馆

[1] 胡暐昱，2013. 优秀历史建筑改扩建研究——以上海美术馆大楼改扩建工程为例 [C]// 上海市力学学会. 2013年既有建筑功能提升工程技术交流会论文集：41-45.

[2] 上海历史博物馆：不以人为的方式混淆代际差 [J]. 建筑科技，2018,2(3): 2-4.

[3] 邢同和，陈国亮，2000. 让历史建筑重新焕发生命活力——上海美术馆改扩建设计 [J]. 建筑学报 (6): 4-9.

[4] 熊月之，2008. 从跑马厅到人民公园人民广场：历史变迁与象征意义 [J]. 社会科学 (3): 4-11.

[5] 俞加康，周建非，2003. 上海人民广场地区地下交通枢纽及其地下空间综合利用的规划设想 [C]// 中国土木工程学会. 2003 上海国际隧道工程研讨会论文集. 北京：489-496.

[6] 张晓春，2016. 市政、娱乐与文化上海人民广场地区城市空间变迁研究 [J]. 时代建筑 (6): 144-151.

外白渡桥

[1] 洪崇恩，2007. 名桥百年 名垂千秋——上海外白渡桥世纪纪念 [J]. 上海城市规划 (3): 42-46.

[2] 毛安吉，2010. 上海外白渡桥保护修缮的技术措施和施工流程 [J]. 中国市政工程 (3): 38-40.

[3] 岳贵平，黄慷，张春雷，等，2009. 外白渡桥船移大修保护工程设计（上）[J]. 上海建设科技 (5): 1-5, 15.

[4] 岳贵平，黄慷，张春雷，等，2009. 外白渡桥船移大修保护工程设计（下）[J]. 上海建设科技 (6): 36-40.

03

同济大学文远楼

[1] 刘丛，2007. 重读文远楼的 "包豪斯风格" ——文远楼与包豪斯校舍的对比分析 [J]. 建筑师 (5): 91-95.

[2] 钱锋，魏崴，曲翠松，2008. 同济大学文远楼改造工程历史保护建筑的生态节能更新 [J]. 时代建筑 (2): 56-61.

[3] 钱锋，朱亮，2008. 文远楼历史建筑保护及再利用 [J]. 建筑学报 (3): 76-79.

[4] 钱锋，2009. "现代" 还是 "古典" ？文远楼建筑语言的重新解读 [J]. 时代建筑 (1): 112-117.

[5] 钱锋，2010. 文远楼外围护结构节能系统分析 [J]. 华中建筑，28(10): 35-38.

[6] 钱锋，2013. 解读文远楼的过去与未来 [J]. 住宅科技，33(3): 28-32.

[7] 曲翠松，2007. 历史保护建筑的生态节能更新——同济大学文远楼改造工程 [J]. 城市建筑 (8): 16-17.

解放日报社

[1] 卢永毅，2016. 新老之间的都市叙事——关于 "严同春" 宅的修缮及改扩建设计 [J]. 建筑学报 (7): 49-51.

[2] 肖镭，2016. 上海延安中路 816 号修缮及改扩建项目 [J]. 建筑学报 (7): 44-48.

[3] 章明，高小宇，张姿，2016. 向史而新 延安中路 816 号 "严同春" 宅（解放日报社）修缮及改造项目 [J]. 时代建筑 (4): 96-105.

绿之丘

[1] 章明，张洁，范鹏，2019. 叠合生长——同济原作设计实践对上海城市存量更新的探索 [J]. 建筑学报 (7): 6-13.

华东电力管理局大楼

[1] 范佳山，2018. 限制条件下的舞蹈：华东电力大楼改造 [J]. 时代建筑 (6): 48-53.

[2] 刘嘉纬，华霞虹，2018. 时代语境中的 "形式" 变迁：上海华东电力大楼的 30 年争论 [J]. 时代建筑 (6): 54-57.

[3] 彭怒，董斯静，2018. 中国现代建筑遗产的保护与遗产价值研究：以华东电力大楼为例 [J]. 时代建筑 (6): 58-65.

04

1933 老场坊

[1] 陈海鹏，2010. 传承魔幻气质 塑造时代场所——1933 老场坊保护性修缮工程设计 [J]. 城市建设 (70): 299-301.

[2] 何巍，朱晓明，2012. 上海工部局宰牲场建筑档案研究 [J]. 时代建筑 (3): 108-113.

[3] 刘华波，王红固，朱春明，2010. 上海 1933 老场坊检测与评估 [J]. 施工技术，39(6): 104-106.

[4] 聂波，2008. 上海近代混凝土工业建筑的保护与再生研究（1880—1940）——以工部局宰牲场（1933 老场坊）的再生为例 [D]. 上海：同济大学建筑与城市规划学院.

[5] 童安祺，2016. 城市闲置工业建筑再利用研究——以上海 1933 老场坊改造为例 [J]. 美与时代（城市版）(12): 30-31.

[6] 赵崇新，2008. 变身、平台、再生——图说 1933 老场坊改造过程 [J]. 工业建筑 (10): 4-7, 19.

[7] 赵崇新，2008. 1933 老场坊改造 [J]. 建筑学报 (12): 70-75.

上海当代艺术博物馆

[1] 章明，张姿，2012. 新博览建筑的文化策略——以上海当代艺术博物馆为引 [J]. 建筑学报 (12): 65-69.

[2] 张姿，章明，2013. 上海当代艺术博物馆的文化表述 [J]. 时代建筑 (1): 120-127.

05

灰仓艺术空间

[1] 秦曙，章明，朱承哲，2021. 灰仓艺术空间——上海杨树浦电厂干灰储煤灰罐改造 [J]. 当代建筑 (4): 66-73.

06

徐汇滨江公共空间

[1] 丁凡，伍江，2018. 全球化背景下后工业城市水岸复兴机制研究——以上海黄浦江西岸为例 [J]. 现代城市研究 (1): 25-34.

[2] 陆红梅，张庆费，2011. 徐汇滨江：从工业棕地到景观绿廊 [J]. 园林 (4): 22-26.

[3] 上海西岸开发（集团）有限公司，2016. 上海徐汇滨江工业旧址改造公共开放空间 [J]. 城市环境设计 (4): 332-333.

[4] 王潇，朱婷，2011. 徐汇滨江的规划实践——兼论滨江公共空间的特色塑造 [J]. 上海城市规划 (4): 30-34.

[5] 杨丹，2015. 城市滨水区的文化规划：以"西岸文化走廊"的实践为例 [J]. 上海城市规划 (6): 111-115.

[6] 张松，2015. 上海黄浦江两岸再开发地区的工业遗产保护与再生 [J]. 城市规划学刊 (2): 102-109.

杨浦滨江公共空间

[1] 秦曙，张姿，章明，2018. 杨树浦驿站"人人屋"——复合木构的实践 [J]. 建筑技艺 (11): 26-33.

[2] 王绪男，2019. 即时 / 急时 / 及时风景——宁国路轮渡口的预制装配式快速建造设计实践 [J]. 建筑技艺 (6): 58-63.

[3] 章明，王绪男，秦曙，2018. 基础设施之用：杨树浦水厂栈桥设计 [J]. 时代建筑 (2): 80-85.

[4] 章明，张姿，秦曙，2017. 锚固与游离：上海杨浦滨江公共空间一期 [J]. 时代建筑 (1): 108-115.

[5] 章明，张姿，张洁，等，2019. 涤岸之兴——上海杨浦滨江南段滨水公共空间的复兴 [J]. 建筑学报 (8): 16-26.

上海总商会大楼

[1] 聂好春，2018. 买办与 20 世纪初期商会事业机构建设——以上海总商会为中心的探讨 [J]. 北京联合大学学报（人文社会科学版），16(4): 82-89.

[2] 秦雯，上海总商会大楼：历史建筑开启苏河湾复兴之路 [N]. 文汇报 .2022-06-14.

[3] 上海市历史建筑保护事务中心，2018. 上海市优秀历史建筑保护：修缮工程成果汇编（2018）[G]. 上海：上海市历史建筑保护事务中心 .

四行仓库

[1] 和耀红，2017. 城市战地遗址史地重塑范例——以四行仓库抗战纪念馆为例 [J]. 城市地理 (20): 212-213.

[2] 唐玉恩，邹勋，2018. 勿忘城殇——上海四行仓库的保护利用设计 [J]. 建筑学报 (5): 12-19.

[3] 吴跃，2018. 历史保护建筑——上海四行仓库"西山墙"弹孔发掘复原施工技术 [J]. 建筑施工，40(1): 76-78.

07

外滩源

[1] 常青，张鹏，王红军，2002."外滩源"实验——外滩源原英国领事馆地段的保护与更新 [J]. 新建筑 (2): 4-7.

[2] 龙莉波，2014. 上海外滩源 33 号历史保护建筑改造及地下空间开发 [J]. 上海建设科技 (4): 39-41.

[3] 钱宗灏，2013. 上海开埠初期的城市化（1843—1862年）[J]. 同济大学学报（社会科学版），24(1): 48-54.

[4] 邵文晞，孙大明，陈立缤，2012. 上海"洛克外滩源"的历史建筑可持续利用与综合改造 [J]. 四川建筑科学研究，40(6): 170-174.

[5] 沈淳，夏林，2015. 搭接转换结构在外滩源项目中的应用研究 [J]. 工程抗震与加固改造，37(3): 84-90.

[6] 沈咏，2013. 上海外滩源历史保护建筑的修缮与开发技术研究 [J]. 建筑施工，35(1): 58-59.

思南公馆

[1] 柴婉俊，2013. 城市公共景观空间——思南公馆的恢复与重建 [J]. 艺术科技，26(2): 196, 203.

[2] 何乔，胡文瑛，张磊，2013. 上海旧里保护改造模式与产权处置路径 [J]. 上海国土资源，34(4): 48-52.

[3] 李载，2014. 浅议优秀历史保护建筑修复部分方法及工艺——上海卢湾区思南公馆保留保护改造项目的改建工程实践心得 [J]. 城市建筑 (8): 149-149, 151.

[4] 刘雪芹，陆烨，2011. 从义品村到思南公馆 [J]. 上海文博论丛 (1): 79-83.

[5] 马慧慧，2015. 解析思南公馆周边新旧空间的现状 [J]. 城市建设理论研究（电子版）(15): 5710-5711.

[6] 唐震熙，2010. 走进南路义品村：外侨眼里的法兰西市镇 [J]. 上海商业 (4): 66-70.

[7] 于晨，2017. 从上海"思南露天博物馆"项目看城市历史文化风貌区发展的可能性空间 [J]. 城市 (2): 43-47.

春阳里

[1] 戴幸一，2019. 上海城市更新的问题及对策研究——以虹口北外滩街道为例 [D]. 乌鲁木齐：新疆大学 .

[2] 上海建工四建集团有限公司，2018. 打造老式石库门的"新天地"：春阳里里弄空间重置篇 [J]. 建筑科技，2(4): 6-9.

张园

[1] 程峰，2023. 转型商业地标的"石库门"们如何借由艺术"出圈"[J]. 上海艺术评论 (1): 70-71.

[2] 韩晗，2019. 张园与中国现代文化产业 [J]. 复旦学报（社会科学版），61(2): 134-143.

[3] 黄晓慧，2023. 又见张园 再现繁华 [N]. 人民日报，2023-04-22(006). DOI:10.28655/n.cnki.nrmrb.2023.004169.

[4] 上海明悦建筑设计事务所有限公司，2022. 张园城市更新（西区保护性综合改造——1—17 号文物和优秀历史建筑保护修缮）[J]. 建筑实践 (6): 46-71.

[5] 上海市静安区文物史料馆，2012. 海上第一名园：张园 [M]. 上海：上海社会科学院出版社 .

[6] 史立辉，2023. 历史建筑修缮更新的质量管理模式研究——以上海张园历史风貌区为例 [J]. 上海质量 (5): 50-53.

[7] 时筠仑，2019. 张园历史街区核心价值的发掘、保护与应用 [J]. 上海房地 (11): 25-29. DOI:10.13997/j.cnki.cn31-1188/f.2019.11.008.

08

武康路

[1] 江岱，2013. 上海城市保护更新的一个重要印迹：评介《上海武康路：风貌保护道路的历史研究与保护规划探索》[J]. 时代建筑 (2): 118-119.

[2] 潘韵，张羽，张钰，2019. 浅谈城市文化建设与历史建筑保护——以武康路建筑保护与再利用为例 [J]. 大众文艺 (5): 243.

[3] 沙永杰，纪燕，钱宗灏，2009. 上海武康路：风貌保护道路的历史研究与保护规划探索 [M]. 上海：同济大学出版社 .

[4] 张曼琦，2015. 历史街区风貌保护之围墙景观探讨——以上海武康路为例 [J]. 现代城市研究 (8): 112-116.

上生·新所

[1] 宿新宝，2018. 城市历史空间的有机更新：上生·新所的实践 [J]. 时代建筑 (6): 121-125.

今潮 8 弄

[1] 丁艳彬，2023. 今潮 8 弄：在重塑城市空间中延续历史文脉 [N]. 中国建设报，2023-05-18(003).

[2] 吴永勤，2022. 用规划延续城市文脉，用设计体现时代面貌——今潮 8 弄项目设计后记 [J]. 建筑实践 (7): 90-95.

[3] 赵琦，2022. 今潮 8 弄：不止于旧区改造 [J]. 上海艺术评论 (4): 76-77.

[4] 周楠，2021. 多久没来过四川北路？"今潮 8 弄"成新地标 [N]. 解放日报，2021-11-30(005).

[5] DP 建筑师事务所，上海章明建筑设计事务所（有限合伙），2022. 今潮 8 弄 [J]. 建筑实践 (7): 82-89.

建业里

[1] 林霖，2014. 延续邻里环境的上海里弄街区适应性更新——以上海市瑞康里、瑞庆里街区为例 [D]. 重庆：重庆大学 .

[2] 闵思卿，2007. 上海历史文化风貌保护区空间的生产机制研究——以上海市衡山路—复兴路历史文化风貌保护区为例 [D]. 上海：华东师范大学 .

[3] 张如翔，2018. 石库门里弄保护更新策略探讨——以上海市建业里改造设计为例 [J]. 中外建筑 (12): 99-101.

[4] 张如翔，缪玮，2008. 石库门里弄的再生——建业里保护整治试点项目的设计 [J]. 上海建设科技 (3): 5-8, 19.

[5] 祝东海，朱晓明，2010. 两条上海里弄——步高里和建业里的关系考证 [J]. 住宅科技，30(12): 38-42.

[6] 朱晓明，古小英，2010. 上海石库门里弄保护与更新的 4 类案例评析 [J]. 住宅科技，30(6): 25-29.

09

第一百货商业中心六合路商业街

[1] 章明，张洁，范鹏，2019. 叠合生长——同济原作设计实践对上海城市存量更新的探索 [J]. 建筑学报 (7): 6-13.

江湾体育中心

[1] 陈建邦，2006. 修缮江湾体育场，创建"创智天地"[J]. 时代建筑 (2): 72-75.

[2] 杜鹃，2015. 城市转型中的高新区发展与实践——以知识创新社区创智天地为例 [D]. 上海：复旦大学 .

[3] 乔东华，陈建邦，2009. 营造"创智天地"[J]. 时代建筑 (2): 76-79.